· 知物丛书 ·

布丰的动物图集

［法］雅克·奎桑 / 著

陈可安　奇博尔横 / 译

广西科学技术出版社

· 南宁 ·

知了
ZHILIAO

序 言

尼古拉·凡尼叶

我依稀记得那天祖父看着我在他的书房里东张西望，十几岁的我，垫着脚尖、双眼扫视着陈列在书架上的书。我被那些宏伟的作品——那些在我想象中比其他作品更美且更神秘的著作吸引。祖父是一个鸟类业余爱好者，他熟知我对动物的热爱。他带着我走向《自然史》并告诉我："挑一本吧，我们一起看。"

我毫不犹豫地指着那本色彩最绚丽的图册，它的封面似乎是一只富有异国情调的鸟。

就这样，我坐在祖父的腿上进入了布丰《鸟类史》的奇妙世界。古老的旧版画令我着迷，画中的动物大多数我都不认识，它们在自然环境中的形象以及流露出的神态都表现出一种惊人的写实主义。

在幻想与现实间，我仿佛被带出这间书房，只剩令人头晕的蜡味把我唤回这个四面环壁的空间。我在书页之间游走，被这些不确定是插画家凭空杜撰的或者是真实存在于某个遥远的地方的生物深深吸引。而祖父只会在回答我的问题时打断我的遐思。

我是否就是在那个时刻意识到令人难以置信的生物多样性？我是否就从那个时刻开始对长途旅行感兴趣？我是否在这部和谐地融合文艺品质与自然科学的作品的颂歌中汲取了对生活的灵感？

涵盖了动物种类、历史和生活方式的描述，历时40年创作的36册大部头的布丰《自然史》自出版以来，就是一部人人皆可参阅的书。它影响了达尔文和其他探险家对物种适应性的现代愿景。这位法国生物学家为生物学，甚至生态学开辟了道路。

一直以来，人类试图研究和给生物分类，或对物种进行编目。但在研究和给物种分类时，我们总能发现一些在命名之前就灭亡的物种。因此，像布丰《自然史》这样的作品比以往任何时候都更具有科学价值。

在我们当前认知的基础上，认识到动物在自然界中的地位，意识到它们在社会历史及物种演化中的作用，对采取更加尊重生态的行为至关重要。

愿这部《布丰的动物图集》能重新激起我们对拯救这些无法衡量的财富的渴望。

目 录

———

2

3

附录 / 281

一个与自然研究不可分离的名字

丰富的一生

乔治·路易·勒克莱尔（Georges Louis Leclerc），布丰伯爵，1707 年生于法国蒙巴尔，一生都留守在自己的家乡。1726 年，布丰获得法学学士学位，但他的法律学背景并不能为他将来从事自然研究提供帮助。他的父亲其实想让他成为法官，以继承他在议会的参议员职位，但布丰仍然对激发他热忱的自然科学感兴趣，且于 1728 年走上了这条道路。在昂热度过一段时间后，他在南特，以及英格兰、意大利继续学习科学，特别是数学，并于 1731 年在巴黎安顿下来。正是这个时期他开始使用父亲在 1717 年时买下的庄园的名字：布丰。不久后，他在与父亲发生争执，继而明确放弃勒克莱尔的姓氏之后，重新获得了庄园。他快速地改造了这个地方，并建造了一个实验室和一个动物园。在这个时期，动物园还不是科学观测所，而是社会地位和权力的象征，而布丰想在那里进行一些实验和研究。

1733 年，布丰在法国科学院进行了一场数学硕士论文答辩，他的革新引人注目，也因此获得了大力支持，并确定了他的研究方向。就这样，布丰在自己树木茂密的领地上进行了一系列有关木材力学性能方面的试验，缓解了科学院为建造战舰而进行这个关键问题研究的资金问题。布丰也因此成为皇家材料工程学专家。1734 年，他被任命为法国科学院的副力学专家（力学在那个时期是数学的分支）。

在蒙巴尔，布丰继续实施他的规划：建造新的住所，拆除旧城墙，构建种植从欧洲之外引进树种的研究型园林。于是，他的研究领域越来越趋向于植物，而他的植物学工作也一直持续到了 1744 年。因精力有限，布丰放弃了一个农业专论的计划，但仍然成为这个学科的先驱。在此期间，布丰已经展现出了科学工作者孜孜不倦和持之以恒的特质。布丰热爱阅读有新观点的英文著作，并且用法语翻译了化学家兼生理学家斯蒂芬·黑尔斯（Stephen Hales）的一本著作和艾萨克·牛顿（Isaac Newton）的一本著作。他的工作，以及他与百科全书编辑学者的密切联系，促进了他的思想的发展。

1739 年，布丰从法国科学院的力学部转到植物学部。同年，在支持者，特别是孔代亲王的帮助下，他开展了一次出色的活动，此后这位科学家被法国科学院任命为国王花园的总管。这对布丰来说是一个展现他无限才华和渊博科学知识的绝佳机会，使他成了自然学者、动物学家、植物学家、数学家、哲学家等，而且还是一个无须阿谀奉承的有权势之人和商人。得益于他扎实的法律知识，布丰也是个称职的行政人员，他将小型皇家药用植物园建成了巴黎植物园。

布丰同时也是一个工厂的厂长，他带领工人建造了精巧的锻造炉——主要生产建造巴黎植物园的栅栏和亭子用的铁。巴黎植物园是当时最早全由铁铸成的几个建筑之一，如今它矗立在这座巴黎花园的最高处。

布丰把时间分配在喧嚣的大都市和宁静的勃艮第之间，他在蒙巴尔完成了他的大部分作品，一直到 1788 年逝世。

一部不朽的巨著

布丰因他的著作被载入史册，特别是《自然史》。18 世纪，《自然史》被构想成自然知识（物理、化学、数学、材料工程等）的综合体。这套《自然史》共 44 册，有 36 册由布丰完成，其中有 15 册致力于地球、人类历史和四足动物的研究，有 9 册是关于鸟类的，有 5 册是关于矿物的，还有一些补足已有这几册的补篇。这套不朽之作从 1749 年持续出版至 1788 年，也就是布丰逝世的那年。之后艾蒂安·德·拉塞佩德（Étienne de Lacépède，1756—1825）接过火炬，续写丛书的最后 8 册，并于 1804 年出版。布丰也研究动物，为此奉献出 2 册爬行动物著作、5 册鱼类著作和 1 册鲸类著作。

经历半个世纪，比起热情，支撑布丰写作的更多的是耐心。如道本顿（Daubenton）所说，尽管有像路易·让 – 马里·德·欧邦通（Louis Jean-Marie d'Aubenton，1716—1800）这样的合作者的帮助，但布丰的野心依然只实现了一部分。出版于 1748 年的前几册书，让布丰获得了巨大成功：前 3 册，重印 2 次，都在 6 周内销售一空——这是在图书价格高昂时期的奇观！这些作品成功的关键，在某种程度上是因为它们易于阅读：用法语写成，语言自然流畅，生动有趣。布丰偏好轶闻，胜过那些被证实的实验，这也体现在他的作品中。但这种对科学表面上的随意感引起了一些人的尖锐指责，而这无疑出自嫉妒其事业成功的诽谤者之口。但这些作品仍在那个时期取得了很大的成功。

成千上万张图画

数量众多的版画也是布丰成功的重要因素。事实上布丰为每个物种都加了插图，尽管这显得有些奢侈。为此，布丰召集了当时最好的艺术家，包括雅克·德·塞弗（Jacques de Sève，1742—1788），他一直从事出版工作，且绘制了大约 2000 幅哺乳动物和鸟类的黑白画作。弗朗索瓦·尼古拉·马蒂内（François Nicolas Martinet，1731—1800）也是其中的一位，他是有名的版画家，为《鸟类自然史》（出版于 1771 年和 1786 年）绘制了 1008 张彩色版画。显然，这些人都得到一个由素描画家和版画师组成的小团队的协助。所有版画，除了再版版本，都做了一些修改，而有些直到 1890 年仍会随着印刷、作品改编或受到《自然史》启发的衍生作品的改变而改变。

在 18 世纪，自然学的插图与收集、收藏和陈列等观念是不可分割的。植物学家菲利伯特·康默森（Philibert Commerson，1727—1773）甚至认为一幅好的插图能够替代陈列室里没有活体样品的标本。这种补充的用法也表现在绘画中。另外，受到 1749 年让 – 巴蒂斯特·奥德瑞（Jean-Baptiste Oudry，1686—1755）创作的油画中的犀牛克拉拉（Clara）的启发，布丰完成了有关犀牛的版画。在这幅版画中，每只动物都在某个环境中呈现，该环境遵循当时的两种主要风格：第一种，"英雄式"，即将动物置于与其群落生境没有关联的环境中，但是在展现它的国家或气候的建筑元素中有所表现；第二种，"乡野式"，借鉴动物的生物学特质，进行些许夸张或约略处理。但不论选择哪种风格，动物总是放在近景。大部分《四足动物》中的哺乳动物都有侧面图，以便人们分辨它们的特征。但只有条件允许时才能完成。因为这些画时常是根据通过不太成熟的干燥术或者剥制术保存下来的标本而画的，而另一些画是根据其他画作或在凡尔赛皇家动物园观察的活体动物绘制的。

布丰对抗林奈

在作品中，布丰表现出对林奈命名系统的强烈反感。卡尔·冯·林奈（Carl von Linné，1707—1778）——这位瑞典自然学者采用的术语分类法是"双名的"系统：把一个指"属"的拉丁语名词（首字母大写），与另一个指"种"的拉丁语名词相结合，表示一个实体且是唯一的实体。因此家猫被称为 *Felis catus*，与野猫 *Felis silvestris* 相区别，另一些"猫属"（*Felis*）类的物种也都有它们对应的名字。按照林奈的逻辑，为了更加精确，"亚种"按性、数、格变化，用第三个名词与前两个相关联。

布丰不赞成这种系统化且标准化的命名方法，他认为动物应该保留指明其生活地域的名字。但布丰的术语分类法有时也会出错，因为他以其在西欧所认识的物种来命名：比如开普敦旱獭不是一种旱獭（一种啮齿类动物），而是一种蹄兔（蹄兔目）。随着图书的出版，布丰最终为自己的近似说法道歉。为了避免混淆，他后来主张使用土著名称。因此许多土著名称的普及都归功于布丰，特别是南美的物种名，至今仍在使用，我们有时以拉丁化的形式去表示其科学名称。大食蚁兽、水豚、南美浣熊等，都是由土著名称变成的公共名称，并收录于 19 世纪末的法语字典中。麝香鼠也是由布丰推广的名字，之后为了表示当今动物的科属而被拉丁化了。

通过将术语分类法建立于土著名称之上，布丰将这些动物与人类相联系。另外，他以这些动物与人类（主要是欧洲人）之间的关系对它们进行了分类。在 1753 年出版的《自然史》第一册《四足动物》中，这种逻辑使他倾向于首先介绍家养动物，然后是欧洲野生动物，最后是欧洲以外的野生动物。但是，布丰的命名系统不够详尽，且不便应用于植物的命名，而林奈的命名系统以其普遍性赢下一筹，并延续至今。

彩色版本的出版

在《自然史》的第一版中，哺乳动物的版画都是黑白的。布丰在世时，只有关于鸟类的几册做成了彩色豪华版。目前还不清楚由法国国家图书馆保存的两册书中的版画为什么要上色。这几册书于 1790 年由德图酒店（l'Hôtel de Thou）出版，也就是《自然史》后续部分的出版方，这些书获得了布丰指定继续完成后续作品的拉塞佩德（Lacépède）的赞赏。

这几册特别版的《四足动物》，根据林奈的术语分类法系统介绍了 362 种动物（其中有 56 种是家养动物）——这对布丰来说是一种"侮辱"。但就在他死后的两年，斯特拉斯堡大学图书馆获得另一本相似的版本，除了布局和表述处，这个版本尊重了布丰的土著术语分类法。书中手写的笔记指明时间为 1754 年。这个附注勾起了人们的好奇心，因为在这个时期，只有关于家养的四足动物的书出版。不过 1790 年版的完整提示语给出了解答："布丰的'四足动物'丛书由 362 张彩绘动物插图组成，这些插图用于这个作者的作品的所有版本；通过林奈的动物命名系统的种类和秩序分类……"因此，这本书应该是之后版本的模板：上色是为了提高版画的精细程度。由于是手工上色，完成的样本很少也就不足为奇了，而另一些样本也许遗失了。无论如何，这是一本十分罕见的书。但是重读布丰的书，我们可能会就上色的必要性提出疑问，"对于四足动物，"这位自然科学家说道，"一张黑色底版上的优质画作足以分辨出每种动物，因为四足动物的颜色不多，并且变化不大，我们能够简单地对其进行命名，并通过论述加以展示。"

一场出版革命

布丰的成功，为新型的自然科学图书的作者们开辟了道路，也预示了 20 世纪图鉴的出版。这种新颖性同样涉及插图，这些插图精细地展现了每个物种的细节，并自然地导向这些物种的机能之间的比较。这种比较解剖学的预示，从道本顿开启的方法论出发，一直到 19 世纪初都持续充分地发展着。整个 19 世纪，欧洲学者都致力于以素描和版画补充对自然世界的描述。插画的发展伴随着版画技术的改善，并在法国裔美国自然学者约翰·詹姆斯·奥杜邦（John James Audubon，1785—1851）的著作《北美的鸟类》中达到顶峰。该作品以双象对开本（展开后约 1.3 米宽）的规格出版。其他出版物也蕴含着对自然的长期探索。这些出版物主要致力于鸟类的知识普及，读者也因书中鸟类闪亮的颜色而赞叹不已。以英国自然学家约翰·古德（John Gould，1804—1881）的彩图为例，他是奥杜邦的劲敌。在他的作品中，昆虫、爬行动物、鱼、植物……一切都是那么生动。

无论自然学插画的品质是奢华的或是简朴的，它在 19 世纪成了一种教学的工具，这与 18 世纪初的风格和约定俗成的生产方式有所不同。印刷技术因工业化而得到改善，人们因此可以在同一张版画上展示好几种动物，以便更好地进行比较。至于文本，其在很长一段时间内都是描述性和文学性的。我们通过第一批图鉴可以看到简化的文字表述和着重强调的图像。其中最早的一本是弗兰克·M. 查普曼（Frank M. Chapman，1864—1945）于 1903 年出版的《北美鸟类彩色图例》。这位美国鸟类学家是推动自然史和鸟类学普及化的积极分子。后来，第一批有关哺乳动物的图书于 1920 年左右问世，但没有附加很多插图。

这些被称为"图鉴"的图书促使读者以不同的视角看自然，将自己从文本中脱离出来：他们以观察者的身份阅读，而不再是默默地想象动物的特征。这种范式的变化是彻底的，并且在后来的几十年不断得到巩固。它强调在自然环境中观察物种，而非参考完备的生态学或动物学的知识。由英国人罗杰·托瑞·皮特森（Roger Tory Peterson，1908—1996）撰写的《欧洲和不列颠的鸟类图鉴》首次出版于 1954 年，是新一代书籍的典范。当代法国鸟类学家们通常都学习过它的法语版，并简称它为"皮特森"。

追随布丰的脚步

布丰的遗产难以估量，这位自然学家的作品充满着如今堪称"生物多样性"的研究。有一件事是不容置疑的：没有他，我们不会那么快达到现在的知识水平。然而，布丰太过独特的思想和经历，令他不被那个时代大部分的学者理解：比如他的写作风格和文字经常受到人们的喜爱，但他的思想却是被忽视的。难道是因为他偶尔不充分的证据？过快得出的结论？或者太过依赖直觉的推论？可无论如何，在布丰的诠释下，自然史在他去世后得到了更深层的发展。因为多种书籍的出版，这位自然学家开启了崭新的出版类型，开辟了一个带有说明文字的知识领域，同时推广了以人类中心论为标志的哲学思想。

　　布丰是一位先驱者和梦想家：他普及了自然史知识，并为世界奠定了生态学的意识基础。法国大革命后，法国国家自然历史博物馆于 1793 年创建，负责组织法国自然历史的教学，它和布丰一样为法国自然文化的普及和发展做出了名副其实的贡献。

布丰之后三个世纪的自然状况

博物馆中的布丰

如果现在布丰重返他曾付出汗水的植物园的小径，他会认出什么呢？可能没有太多东西了。因为这个地方的建筑大部分自 18 世纪以来都被重建过，现已变化太大。他将会发现法国国家自然历史博物馆，该馆在他去世后的第五年（1793 年），由国民议会建立。如果看到博物馆第一次组织的 12 个讲座，布丰当然会很高兴，因为每个讲座都由一名教师负责，且部分讲座体现了他的思想。这些讲座都涵盖了他曾帮助澄清或定义的某一个知识领域，比如比较解剖学。

1793 年，还有一个关于四足动物学的讲座、一个关于昆虫（蠕虫和微生物）学的讲座、一个关于动物解剖的讲座以及一个关于人类的讲座。植物学，在当时被认为是特别有诗意的知识领域。博物馆里有一个植物学讲坛，另一个则被指定在郊外进行。这个讲座制度一直持续到 1995 年，随着时间的推移，之后慢慢被科学研究部门取代。新的组织继续进行由布丰开启的任务：收集、描述和教授自然史，其中包括知识的传播和环境的鉴定等。但是令布丰最惊讶的是，他用了近 50 年的热情去描述的自然世界，现已经不复从前。

人类世，地球上的新纪元？

自 18 世纪以来，地球上最重要的变化之一无疑是人口的增长：1750 年，全世界人口少于 7 亿人，而到了 2018 年已超过 75 亿人。在法国，在布丰担任皇家花园总管期间（1739—1788），居民人口从 2450 万人增长到了 2860 万人。虽然那时每年有将近 100 万的新生儿，但只有 50% 能活到 10 岁，他们平均能活到 25 岁左右。

全球人口曲线自 20 世纪六七十年代起表现出惊人的增长趋势。随后，人们的生活条件持续得到改善，首先是在工业化的国家，然后渐渐发展到其他国家。人类，特别是现代人，对环境的影响如同有人在 2000 年出现地质新纪元时总结的那样，即"人类世"接替"全新世"。它可能开始于人类活动对整个生态系统（包括地质）产生效应的时期。我们可以将这个开端定于 18 世纪末，即工业革命诞生之时。尽管受到一些科学家的反驳，但这个观点仍十分具有说服力：人类是环境变化的参与者，以特别迅速且无法短期内复原的方式参与其中。

一个世界的终结

当今，人类极大地改变了自然界，以致我们可能正在经历第六次生物集群灭绝，这次涉及动物和植物。在过去的 5 亿年里，地球已经有过 5 次重要生命形式的灭绝，它们起因于气候变化、强烈的地壳运动或意外因素等。其中最近一次发生在墨西哥尤卡坦半岛的陨石撞击之后，距今已有 6500 万年：这次毁灭性的撞击造成了恐龙的灭绝，并促进了生命分支的发展，致使生物多样性演变成今天我们所熟悉的样子。此后，动物和植物的变化大多源于不可逆的气候改变，这些变化应当被认为是自然现象。我们可以用不同的测定方法来了解这些变化，越接近现代，其准确度就越高：在古老的时期，我们以在土壤里找出的化学痕迹辅助测定；在最近的时期，则基于特定区域使用大数据方法进行观察。

目前已知的动植物物种约为 870 万种。据科学家们的描述，每年发现的新物种有近 18000 种，但大多数是小型或更小型的无脊椎动物，它们有着隐秘的生活模式。很显然，除了对大量物种进行描述，没有更好的办法来准确地测定生物多样性的状况。但是，对某些标志性物种的种群研究，可以为人们提供思路。

遮掩森林的树

最容易被人们熟知的生物同时也是体形最大的生物，因为它们最容易接触和观察，此外，那些具有强烈象征性的东西也能得到尤为细致的研究。因此，我们知道在过去50年，野生狮子的实际数量从45万只减少到不足5万只；黑猩猩在同一时期失去了将近90%的分布地域后，只剩不到7000只生存在野外环境中，濒临灭绝。对这些标志性物种的研究，涉及哺乳动物和鸟类，有时甚至涉及鱼类（比如鲟鱼），这里隐藏着一个令人不安的事实。在确认1.3%的物种受到威胁的同时，某些专业观测台也没有指明他们的估算主要涉及哺乳动物和鸟类，也就是最多2万个物种。还有陆地微动物群（占已知物种的70%以上），它们因为体形小和微不足道的外表而被忽略，的确有必要为它们担忧。

通过学习传粉知识（包括植物授粉），人们很快注意到了危害之所在。农艺学致力于使用杀虫剂来维持植物的生长，而这实际上造成了大批飞虫的死亡。微动物群的消失有同样的源头，这些都会对生态系统的平衡产生一定干扰。而授粉的减少意味着果实产量的减少，以及植被物种的分散性降低，长远来看，以其为食的动物的繁殖能力也会降低。

一项关于既没有经济效益也没有特殊价值的陆地软体动物的研究表明，如果将这些结果应用到生物多样性的整体中，受到威胁的物种不只是1.3%，而是7%。另外，这种危险显著地增加着：动植物物种的消失曲线呈指数递增模式。显然，人口数量在70年内增加2倍是最主要的原因。我们需要提醒自己：一种脊椎动物的出现需要成千上万年，而让它消失的时间则要短得多，特别是当它的生存条件被迅速而残酷地改变时。

人类是一匹狼

为了进食，智人首先猎杀大型物种，然后才将精力放在其他更小也更容易捕获的物种上。随后，人类花了几千年驯服了一些物种，如现今在层架笼中养殖的家禽都起源于原鸡。于是人们估计大型哺乳动物在12万年前的欧亚大陆就受到了重创，澳洲的某些物种在人类第一次出现在那里时就开始消失了，距今约4.5万年。

在美洲，同样的现象也被证实从 1.3 万年前就开始发生。到 19 世纪，随着动物园的发展，自然界中的大量动物被捕捉，这同样具有毁灭性。最著名的动物交易商在 1866 年至 1886 年间，售出不少于 700 只豹，约 1000 只狮子、400 只老虎、300 头大象、70 头亚洲犀牛（来自爪哇岛和苏门答腊岛）、150 只长颈鹿，以及成千上万只灵长类动物……而他还不是那个时期唯一的动物交易商！此外，捕捉时死亡的动物占被捕捉总数的 30%，且实际上有一半的动物会在运输途中死亡，由此我们可以说：动物在 19 世纪遭遇了真正的"大屠杀"。因此，应当将这些数据翻倍，才能更准确地认识到这样的野生动物贸易产生的影响。这还没算上殖民者进行的捕猎活动。21 世纪的动物园与 19 世纪的截然相反，其第一批参与者如今已加入对大多数大型野生动物的保护计划中。

在岛屿上……

在岛屿环境中，物种的灭绝很容易被观察和测量，此时物种因环境条件的突然变化而付出了巨大的代价。岛屿野生动植物往往没有足够的时间进化，以适应农业开垦对土地、森林和其他当地资源的开发。在早期的欧洲探索活动中，许多岛屿上的鸟类没能幸免于人类或动物（老鼠、家猫）的入侵。

毛里求斯的渡渡鸟是最著名的案例之一，它们在短短的几十年中消失殆尽：于 1598 年被发现，但在 1678 年后便消失无踪。这些鸟类不仅是水中捕食的受害者，还是随船舱而来的、以猎食地上的雏鸟为生的老鼠的捕食对象。家猫也是一个强大的捕食者，它会导致许多鸟类和小型哺乳动物灭绝。此前，在毛里求斯，渡渡鸟几乎没有受到过任何威胁。

如今，人们不再去统计太平洋岛屿上无数鸟类灭绝的例子了。由船只带来的黑鼠在没有捕食者的情况下几乎无限制地繁殖，导致了这些岛屿动物的灭绝。现今，在欧洲大陆，我们也发现了入侵物种，如白线斑蚊或亚洲虎头蜂，这意味着欧洲大陆上的物种也难以幸免。我们已经注意到一些地方性动植物群消失的情况。这些群落生境的变化影响着大片地区，例如对东南亚油棕种植园土壤和生物多样性的破坏，或者非法采金者对美洲亚马孙森林的乱砍滥伐等。

鸟类研究：一项可靠的指标

观察鸟类也是研究自然演化的一个很好的指标，得益于 19 世纪末以来欧洲鸟类学的发展，至今已汇集了大量鸟类数据。例如，已被深入研究的家雀，如今被列入英国濒临灭绝的物种之一，该地区 95% 的家雀已在过去几十年内消失，而唯一应控诉的对象就是人类及其活动造成的环境压力。西欧大多数小型雀科动物都遵循相同的路径，或多或少具有抵抗力，但这也取决于它们的适应能力。另一个受到高度关注的物种——家燕，也正经历种群数量急剧下降的危机。与其他食虫物种一样，由于新型杀虫剂的使用，飞行昆虫数量减少，家燕的生存受到威胁。2017 年的一项科学研究表明，在德国，飞行昆虫的死亡率高达实有数量的 75% ~ 80%。而在法国，约有 92 种巢居动物濒临灭绝，占已知 284 种的 32%（2008 年占 26%）。由于气候变化，某些物种在迁徙到北欧的途中会消失。其他物种（如翠鸟）则会受到水流改道、沼泽干涸和湿地标准化的威胁（如田鹬，2016 年仅有 50 个繁殖体），或是面临农业实践改变的威胁，这在过去 15 年中造成了 20% ~ 40% 的物种灭绝，如欧亚云雀、欧金翅雀和红额金翅雀。

哺乳动物呢？

在法国，每 125 种哺乳动物就有至少 1/3 处于危机中。集约化农业的发展导致穴兔成为濒危动物之一，食肉动物显然也受到了影响，首当其冲的就是欧洲水貂。在 20 世纪 30 年代，美洲水貂因其皮毛质量更好、产量更高而被引入欧洲，随后便开始与原生物种欧洲水貂竞争。此外，欧洲水貂也是道路交通的牺牲者，同时也受沼泽地干涸的威胁。至于大型食肉动物，它们是农村地区的冲突主体，有些人可能希望它们消失，如欧亚猞猁、狼、棕熊就因此付出了代价，不断受到威胁和监控。而食虫动物如榛睡鼠、蝙蝠，则受到杀虫剂的影响，食物来源锐减。更具体来说，在全球气候变暖的影响下，蝙蝠的年度节律发生了极大的变化，迫使它们缩短冬眠时间并消耗自身身体机能。另外，和候鸟一样，这些小型哺乳动物也是风力涡轮机的受害者。一项研究指出，一台风力涡轮机在 3 ~ 11 月期间可能导致约 70 只蝙蝠死亡。中空且顶部敞开的金属电线杆，也非常致命，常困住想要筑巢的鸟类或小型穴居哺乳动物。通过在更换电线杆过程中计算遗留在电线杆上的骨骼数量，我们估计这些电线杆是 1970 年至 1990 年间灭绝的好几万种物种（特别是好几种山雀）的元凶。其遗留下来的骨骼在某些电线杆中可堆积到约 40 厘米厚，即差不多 250 个生物体。其他脊椎动物，如欧洲鳗鲡或一些两栖动物，则被农药残留污染过的淡水侵害。

植物和鱼类亦如此

植物也受到环境变迁的影响，例如，在 2006 年至 2014 年期间，城市化的发展摧毁了超过 50000 公顷的荒地和干旱草地，这些脆弱的环境蕴藏着特定的植物群。在法国，如今有 27 种野生兰花因受到城市规划或群落生境污染等威胁而濒临灭绝，例如由于越来越多的土地被用来种植圣诞树，蜂兰（一种喀斯特地区的物种）逐渐走向灭绝。如今，在法国，大约 4400 种植物中就有 513 种成为稀有物种或处于濒临灭绝的危机中。

随着鸟类和许多昆虫的消失，植物的授粉受到威胁，其中包括人工栽培的物种。随着各大洲大型捕食者的消失，包括澳大利亚的袋狼（自 1943 年再也不见踪迹），我们目睹了其猎物的大肆繁衍，这也对农业和林业造成了巨大破坏。一些繁殖能力强的猎物可能成为人类疾病的储存库和潜在载体。

无论是过度捕捞，还是工业废水不受控制地排放，或者是海洋环境的日益恶化，都造成了严重的后果。如果不采取任何行动，地中海将很快就仅仅是一堆塑料碎片了。

那"第七大洲"呢？太平洋洋流携带的塑料碎片的堆积面积相当于法国领土的三四倍，且不会很快消散，因为塑料的降解可能需要好几个世纪。即使这些碎片最小约为纳米级别，但所有摄入这些塑料碎片的生物都无法将其消化或摧毁。我们已经从观察占浮游动物 60％ 的桡足类动物身上得到证实：直径大约为 1/1000 毫米的聚苯乙烯碎片，阻塞了这些生物的消化系统的一部分，减缓了它们的进食速度，最终导致其死亡。因此，所有食物链都可能受到影响。

人类应该为此负责

污染离我们并不遥远！我们既不愿看到世界消失，但又在推动着它的消逝。在维持生物群落平衡的行动中，我们通常只有在没有或很少影响主要经济利益的情况下才会执行。人类可以轻松地适应这种情况，特别是在人类掌握了相当多的技术手段的时代，但自然很难做到这一点，因为它需要时间来演变。从这个意义上讲，当今主要科学探索者也是生物多样性的警示者，其目的不是要让生物免于死亡，而是要拯救它们。

这本书中提到的大多数物种仍然存活着，但我们一定要保持好奇心，去观察和了解它们。让我们跟随布丰的脚步，寻找这些动物的足迹。希望有一天，我们不再是翻翻书页或浏览网站，而是在小树林深处或路的尽头，就能亲眼见到它们。

L'HIPPOPOTAME MALE.

LA CHAUVE-SOURIS.
LA CHAUVE-SOURIS.

GRAND BABOIN.

LE JAGUAR.

LE DOUC.

LE HÉRISSON.

LE CARCAJOU.

LE CAMAS ou BUBALE.

LE LORIS.

LE VARI.

LE BUFFLE.

LA CHAUVE-SOURIS FER-DE-LANCE.

L'OREILLAR.

LA ROUSETTE.

LE FOURMILIER.

L'ÉLÉPHANT.

LE DOUC.

L'HIPPOPOTAME MALE.

LE CONEPATE.

PATAS A BANDEAU NOIR.

阅读说明

根据古希腊的教育法则："命名就是知其道。"命名，从某种意义上来说，还可以理解整个自然界的丰富性。大多数博物学家都绞尽脑汁地为其所描述的事物取名，布丰也一样，他为他所描述的每个物种定义，甚至取名。但是自 18 世纪以来，所有科学都在发展，动物学术语也得到了完善。

以下内容参照了最新的命名法，但为了尊重这些作品和布丰提出的名称，我们有必要按照如下方式阅读动物的名称[①]。

简介的标题

这行标题通常是布丰在版画上使用的名称（除印刷错误外）。

例如，"phatagin"（穿山甲）是布丰给他在文本中描述的物种起的名字，并据此完成版画。这些名称可能看起来很奇怪，因为许多现今已不再使用。

第一行副标题

该行指出了该物种当今的法语俗名。土著命名法没有任何强加性的约束，只是建议而已。

本书中的大多数名称都来自佩特尼耶·冈瑟（Pétronille Gunther）所著的《世界哺乳动物》（*Mammifères du monde*），由卡德（Cade）出版社于 2002 年出版，其内有法文和英文科学名称清单。

这行副标题也纠正了布丰可能犯的错误。由于文献记载不足，这位伟大的自然科学家有时也会犯错，比如，他的"美洲豹"（jaguar）就是这种情况，如今被当代法国博物学家命名为"豹猫"。

第二行副标题

该行用拉丁文表示动物的学名，与土著名称不同，它遵循许多印刷规则。第一个词是物种的种名，换句话说，包括一个或多个具有非常相似特征的物种，该词以大写字母开头；第二个词单独指定和表达该物种，以小写字母开头。两个词均为斜体。这些规则可能看起来很奇怪，甚至晦涩难懂，但实际上它们非常重要：对于亚洲、巴布亚（Papou）或是英语语系（盎格鲁－撒克逊 Anglo-Saxon）的自然学家来说，长尾穿山甲（pangolin à longue queue）的法语名字是难以理解的，但是根据其学名 "*Manis tetradactyla*"，他们便可以进行研究或学习了。此外，在进行检索时，学名有时会比既定的本地俗名提供更多检索结果。

科学命名法由动物学和植物学的国际命名法给定（后者包括针对特定种群的特定版本），由专家联盟定期更新（就好像法兰西学院的有关成员负责法语词典的编排一样）。这种命名法是依据瑞典科学家林奈于 1758 年发布的命名系统来运作的，它不仅适用于动物界，还适用于植物界，包括栽培植物及其变种。因为这种通用命名法，人们皆可以理解生物的基本属性。在看起来严格的外表下，科学命名法是想了解自然的人必不可少的工具。

[①] 译者注：原版书中动物的名称按法语首字母排列，本书遵照原版书的排序方式。

布丰的动物图集

三趾树懒

褐喉树懒、玻利维亚三趾树懒
Bradypus variegatus

面孔和善

树懒是新热带界雨林中最奇特的生物之一。不同种类的树懒彼此相像，生活习性也有许多相似之处。事实上，它们被归类在同一个系统范畴中——"以食用植物的叶为生的动物"，即"食叶动物"。这个定义清晰地显示出它们的饮食习惯。版画中呈现的这一动物是树懒属4个类别中最为常见的一种，它们遍布于洪都拉斯和阿根廷北部十分多样的群落生境之中，如广袤的树林、次生林、干旱森林或碎片化森林。修饰语"variegatus"（褐色）指的是从浅褐黄色到近乌贼汁液般的黑色的杂色皮毛。其实，对于褐喉树懒而言，唯有头上毛色的布局才是它有别于其他分支的特征：头顶有圆帽形的毛发，脖子上的颜色比较暗淡，眉毛宽大且颜色明亮，眼睛则像化过妆一样突出，这些特征赋予了它一副和善的面孔。

栖息在高处

根据环境和地域，褐喉树懒分为6个亚种。根据生物识别技术的外形统计，其身长42~80厘米，重2~6千克。它们的性别二态性在表征上并不明显。其四肢末端有爪子，每爪有3个趾，前爪长约8厘米，后爪长约5厘米，这种构造使得它们可以长时间悬挂在树上不动。

树懒以强韧的叶子为食，它们借助爪子获取食物，然后用牙齿咀嚼。进食这种营养价值不高的叶子，使得树懒与其体内专门分解这种类型叶子的微生物一同进化，确保约20天的缓慢消化过程。这些微生物的活动需要热量，所以树懒需要很长的时间来晒太阳。其缓慢的新陈代谢使得它们移动缓慢——每分钟不超过5米。

树懒竭尽一生在方圆不超过5公顷的地域上来回探寻，它们可以在同一棵树上消耗掉生命中20%的时间。不管是白天还是黑夜，它们一天要花13~18小时悬挂或依附在树上睡觉。

伪装之王

保持静止意味着比较脆弱、被动。然而因其身形和移动方式，即使面对大型猫科动物或是角雕的威胁，它们也很少受到侵害。此外，树懒还有另一张生存王牌：其9段脊椎骨使它们在保持身体其他部位不动的情况下，头部可以转动270°以上，这十分利于树懒观察周边环境。

在热带气候条件下，短毛才是动物最好的皮毛状态。树懒拥有蓬松、繁密、杂乱的毛发，这些毛发能储存水分、保持热量，并利于多种藻类植物的生长。这些藻类赋予树懒一种虽不优雅但能藏身于树冠中的暗绿色保护色。大概每10天左右，树懒会从树上爬到地面"上厕所"，这时它们会一次性减掉约30%的体重。鉴于无法快速躲逃，它们会充分利用身上的保护色做掩护。

根据栖息地的大小，树懒的数量分布变化很大，然而，1只成年雌性树懒会保持每年孕育1只小树懒的繁殖速度，这使它们大致保持着数量上的平衡。

L'AI ADULTE.

驴

非洲野驴
Equus asinus

听觉灵敏

布丰在《自然史》中的"驴"一章开篇说："提到驴，即使我们具有特别敏锐的眼睛，也无法否认它似乎是一种退化了的马。"非洲野驴身高 1.25 ~ 1.45 米，比野生马小得多。事实上，驴真正区别于马的特点在于它的耳朵远远长于马的。由于长期生活在开阔的环境中，驴需要非常灵敏的听觉，以接收各种声音，它的耳郭可以灵活地转动，便于确定声源，估测距离。版画中呈现了一只外形十分接近非洲野驴的驴，它的脊背和肩胛处有十字形的暗色线条。

它从哪里来？

非洲野驴有 2 个亚种——索马里野驴和努比亚野驴。这 2 种驴都分布在非洲东部，和家养驴很相似。我们曾长期认为非洲野驴和亚洲驴（如亚洲野驴或西藏野驴等）血脉相连（亚洲驴平均身高为 1.5 米，重约 300 千克），然而最近的一项基因分析排除了两者间的亲属关系。事实上，它们很可能属于 2 条不同的驯养分支，其中非洲野驴最可能起源于撒哈拉沙漠化初期（公元前 7000—公元前 5000 年）的非洲东北部。

驴就这样在越来越炎热的环境中开始被用来运输重物，此后，它们还帮助人类发展了商业贸易活动。我们知道，在公元前 2600 多年就有一种生活在索马里地区的驮驴。在亚洲，西藏野驴则承担起了运输工作。

如今，法国有 7 种被官方认证的驴的品种。其中一些（如波旁驴、比利牛斯驴、贝里大黑驴）拥有均匀统一的暗色毛发，这与其表亲——非洲野驴差异显著。在经历过由农业机械化带来的缓慢衰退后，畜养驴的事业又开始渐渐复苏。

在野生状态下

适应沙漠环境的非洲野驴因人类活动遭受了极大痛苦，特别是畜牧业，其剥夺了它们微薄的食物来源，庆幸的是它们可以几天不喝水。索马里野驴几近灭绝：全球范围内仅剩大约 100 只。努比亚野驴的情况也没好到哪儿去，它们分属在不同的群体中，总数为 600 ~ 700 只，而不同群体之间杂交的现象也减少了它们的数量。

在亚洲，生活在青藏高原的西藏野驴还有 7 万多只。得益于一些保护措施，它们的数量减少得比较缓慢。至于亚洲野驴，它们分布得十分零散，但大多数分布在蒙古、中国内蒙古和印度北部。根据 2015 年的数据，这些地区的亚洲野驴大约有 4.5 万只。

L'ÂNE.

羚羊（雄性）

印度黑羚、印度羚
Antilope cervicapra

唯一真正的羚羊

在动物学中，印度黑羚被认为是唯一真正的羚羊。虽然"羚羊"这一名称可以指代很多非洲的有蹄类动物，但实际上，有蹄类动物与牛的关系更密切。"羚羊"（antilope）一词由拉丁语"antalopus"演化而来，原指"有角的兽类"，因此，它适用于许多非洲偶蹄类动物。

印度黑羚分布在印度、尼泊尔和巴基斯坦，分为 2 个亚种。它们的性别二态性十分突出：雄性有着黑白两色的皮毛，如版画中所示；雌性则具有暗淡且均匀的灰米色皮毛，在分娩或哺乳时，这种中间色可以作为掩护，以躲避食肉动物的攻击。布丰熟知两者的不同，因为他书中的一副插图就描绘了雌性印度黑羚。他对雄性和雌性印度黑羚的描写十分符合现实，我们猜想他可能在动物园仔细观察了一对羚羊。这是十分合理的假设，因为法国东印度公司在整个 18 世纪为凡尔赛皇家动物园和其他私人动物园提供了许多动物。

和猎豹一样迅速

印度黑羚看上去非常苗条，甚至纤弱：雄性身高约 80 厘米，重 30 ~ 40 千克；雌性身高约 70 厘米，重 25 ~ 30 千克。只有雄性有角，其长长的角大体笔直，偶有弯曲（平均长约 60 厘米），版画完美地展示了这个特点。它们发达的肌肉令人印象深刻。事实上，印度黑羚是陆地上奔跑最快的哺乳动物之一，在短距离移动中，它们奔跑的速度可以与猎豹一争高下，达到每小时 110 千米。此外，它们还具有非凡的耐力（在 15 ~ 20 千米的长距离奔跑中可保持每小时 80 千米以上的速度）以及优越的跳跃能力。

印度黑羚为群居动物，一般在开阔的地方生活。其敏锐的视力可以帮助它们躲避大型食肉动物的攻击，然而，在印度，印度黑羚的数量仍在大幅减少。我们可以在半沙漠化地带到长满树木或灌木丛的热带草原中发现印度黑羚群，它们通常由一只雄性领导，以树叶和草为食。印度黑羚的繁殖活动活跃，每年有一次繁殖期（春季或夏末），幼崽通常在出生 2 个月后断奶，在 16 岁时达到性成熟。

幸存者

在 20 世纪初，这种羚羊十分常见，全球大约有 400 万只，当然，在此前的一个世纪，它们的数量更多。但到 1947 年时，人们只能统计出大约 80000 只。此后，随着农业机械化的飞速发展，大片有利于印度黑羚生活的地区被侵占，它们的数量继续减少，到 20 世纪 70 年代，大约只有 22000 只。至 2000 年，它们的数量有小幅回升，在 40000 只左右，由此，我们认为它们在印度的一些地区又变得常见起来，但这其实不利于当地农业的发展。相反的，在尼泊尔，如今仅剩大约 200 只印度黑羚；在巴基斯坦的某些地区，它们甚至已经消失了。阿根廷和美国曾引进印度黑羚，目前两国分别大约有 4000 只和 35000 只。

L'ANTILOPE MÂLE.

鹿豚
西里伯斯鹿豚
Babyrousa celebensis

一个奇特的物种

布丰描绘的鹿豚包含了三四个物种。现代解剖学家和遗传学家在对这种来自苏拉威西岛（旧称西里伯斯岛）和周边其他几个岛屿的特有动物进行大量研究后才逐渐了解它们。其实这几个岛屿的物种各不相同。在它们原本的名字中，来自马来半岛的叫"babi"，意思是"野猪"，也有叫"rusa"的，意思是"印尼–马来鹿"。这一词源强调雄性鹿豚嘴巴上方竖直向上并内卷生长的獠牙，这赋予了它们一种史前动物的外观。

在树沼中生活

作为潮湿地带（森林或树沼）的主人，鹿豚几乎没有毛。它们的身形比其生活在古北界、毛发粗糙浓密的表亲要略微瘦弱一些。雄性鹿豚的体重很少超过 100 千克，雌性则一般不超过 60 千克。它们的皮肤厚实，且富含香腺（一种能够分泌含气味的物质，用于划定活动圈）。

像所有猪科动物一样，鹿豚单独或者在小群体中生活。它们在自己的领地上奔波，以满足杂食的习性。因为它们脆弱的唇部既不能拱土也不能拱树根，所以食物主要由蘑菇、浆果和幼虫组成。然而，鹿豚是游泳健将，为了从一个地点到达另一个地点，它们可以奋勇地跨越峡湾。

鹿豚的妊娠期约为 150 天，一胎可以生产一两只幼崽，出生几小时后幼崽就可以跟着母亲走动，7 天后就可以吃固体食物。在野外生活的鹿豚寿命约为 12 岁，人工饲养的则约为 24 岁。

生活在岛屿上

如今，这一零散生活在岛屿上的物种的总数不超过 4000 只。它们受到的威胁主要与人类砍伐树林的行为相关，在被当地人猎杀或者出于宗教原因屠杀后，森林砍伐限制并恶化了它们的生存环境。奇怪的是，我们鲜少在地方或区域文化中发现用鹿豚弯曲的獠牙制成的饰品。然而，在 19 世纪，当地人把鹿豚的皮肤和脂肪当作宝贵的商品，因而它们曾遭到大肆猎杀。

LE BABIROUSSA.

巴贝犬（小型）

贵宾犬

Canis lupus familiaris

从猎犬到沙龙

皇家贵宾犬是贵宾犬现有的形式，它们从 18 世纪起就陪伴着人类。在中世纪晚期，它们是一种中等体形犬（身高 40 ~ 60 厘米，重 20 ~ 25 千克），具有卷曲或波浪形的长毛，颇受人们喜爱。它们聪明活泼，且十分好动。当时，它们主要用于捕捉水禽：这种狗亲近水，其前掌呈半蹼状，十分利于游泳，且这一优势还可以帮助它们在松软的土地或淤泥中快速移动，而免于沉入其中。贵宾犬十分固执，它们从不放弃寻找目标猎物。大约在 15 世纪时，人们把它们叫做"巴贝犬"，或者"鸭狗"——以彰显它们带回受伤的、被射杀的或者落入水中的鸭子的能力。雄性贵宾犬甚至因为略语（合成词）被称作"鸭子"；雌性则被称为贵宾犬，这一名字保留至今。在之后的一个世纪里，贵宾犬因为温顺的性格被带到沙龙中，开始陪伴女士们。

宫廷画家的宠儿

在对贵宾犬进行描述时，布丰更喜欢把它们称作"巴贝犬"，而非与狩猎文化息息相关的"贵宾犬"。在布丰生活的时代，人们已经会选取那些体形小巧、易于抱入怀中的狗了。艺术见证了狗的变迁。18 世纪，画家让 – 巴蒂斯特·奥德瑞（Jean-Baptiste Oudry）在其画作中将贵宾犬与那些生活在豪华动物园里的动物联系在一起。不久之后，让 – 奥诺雷·弗拉戈纳尔（Jean-Honoré Fragonard）将它们绘入室内场景中。在那个时代，贵宾犬的毛发大多是波浪形的，而如今，它们标准的毛发则为卷曲的。它们的毛发大多是亮泽的，有时会有些许杂色。所以说，宫廷绘画已经展示出了一种关于贵宾犬的标准。路易十五钟爱小型犬，他掀起了饲养袖珍犬的时尚风潮。

4 个类型的标准

在被人们遗忘了一段时间后，19 世纪后半叶，贵宾犬让人们重新认识了它们在多个领域中的学习能力。贵宾犬被认为是一种优雅且聪明的狗，这在一定程度上巩固了它们作为室内犬的地位。然而，如今人们对它们的梳洗方式依然借鉴其最初作为捕猎者的样子：剪短它们后半身和后腿的毛发，既避免被灌木丛缠住，又不妨碍其游泳。

人们于 1936 年制定了贵宾犬品种标准，根据它们 24 ~ 60 厘米的身长特征，把它们分为 4 个主要的类型。贵宾犬是唯一一种具有这么多种类的犬类，这得归功于它们悠久的历史。

LE PETIT BARBET.

比熊犬

比熊犬

Canis lupus familiaris

广泛的亲属关系

所有的犬类都有一个共同的学名，它由狼的学名 "*Canis lupus*" 和指示亚种并反映出人类对狗的驯养过程的词如 "familiaris" 组成。如今，人们统计出 342 个亚种，但是这一数据可能会因为它们的出现或消失不断变化。

比熊犬有 3 个近亲，4 个变种。布丰描述的卷毛比熊犬是最古老的一种：埃及第十九王朝（公元前 1296—公元前 1186 年）的一座浮雕可以证明它的存在。实际上，比熊犬是一种在环地中海地区十分普遍的品种，这也说明了为什么大多数的变种都源于这一区域。布丰不是第一个提及并将它写入他的《自然史》的人。早在公元前 4 世纪，古希腊哲学家亚里士多德（Aristotle）就已经在他梳理的人类多种伴侣犬的命名列表中赋予了比熊犬一个十分明确的位置。

娇小且被偏爱的狗

比熊犬拥有娇小的体形（身长约 45 厘米，重 3 ~ 4 千克）和丝质般光滑且卷曲的白色毛发，这使它们总能得到贵族或资产阶级的喜爱。实际上，我们可以从埃及到欧洲君王的宫廷找到大量有关它们的作品，特别是在 17、18 世纪的绘画作品中。

起初比熊犬因为其出色的狩猎能力而在地中海地区流行。娇小的身躯让它们可以在各处钻来钻去，好斗和活泼的性格是它们孜孜不倦地捕捉老鼠的王牌 "武器"。这些特性让它们不管是在码头上还是在船上皆受到航海员的欢迎，在许多长途旅程中，马耳他比熊犬被带上甲板，远至中国都能见到它们的身影。

现代的比熊犬

如今，作为宠物的比熊犬更加受到人们的喜爱。其 4 个变种有着不同的命运，如一种生活在意大利、曾经在几个掌权至 18 世纪末的统治家族中非常流行的、被称作 "Bolonais"（博洛尼亚）的比熊犬，就差一点被其他具有相似体形和性格的狗取代而灭绝。

除了白毛比熊犬，我们也承认有黑色毛发比熊犬的存在，布丰介绍的比熊犬就是黑色的。但是，这种颜色的比熊犬如今已经被官方标准排除掉了。

卷毛比熊犬是马耳他比熊犬的近亲，出现于 15 世纪。它们曾是宫廷的宠儿，特别是在亨利三世执政以后的法国宫廷。直到 19 世纪的各个文学沙龙中，还能看到它们的身影。但它们不只是沙龙中的狗：其从 "港口起源" 继承而来的活力仍然存在。有些人发现了它们的这些品质，并将其用作牧羊犬。

第四个变种也是最后形成的一支——哈瓦那比熊犬。它们可能是在意大利或葡萄牙航海探险时代，被带到古巴的比熊犬杂交后的品种。它们保留了一种暖棕色的毛发，这是哈瓦那的色彩！

LE BICHON.

野牛

美洲野牛
Bison bison

美洲野牛和欧洲野牛

有趣的是，布丰介绍了来自北美平原的野牛。他本可以选择欧洲野牛的，虽然它们的分布不是很广泛（它们被限定在一些森林群落生境中，故不是很常见），但在 8 世纪时，它们在欧洲中部和俄罗斯西部的森林中还是比较常见的。在法国，它们自 8 世纪起就完全消失了。一些科学家认为，欧洲野牛是在末次冰期（公元前 18000—公元前 15000 年）快结束时与美洲野牛分离的，但最有可能的假设是，它们在公元前 195000—公元前 135000 年占据了北美大陆。

美洲野牛的背上长有很大的肉峰，这在很大程度上压低了其身体的前半部分，这种外形特点在动物界是独一无二的。此外，美洲野牛还有从肉峰一直长到前肢踝骨的又长又密的毛发，像逗号一样的角（最长可达 40 厘米），以及介于栗子棕色和黑色的毛色。

平原野牛是美洲野牛 2 个亚种中的一种，另一种是森林野牛（或称树林野牛），这是一种体形巨大的牛，雄性身高可达 1.8 米，体重超过 1 吨；雌性身高不超过 1.5 米，体重不超过 600 千克。

静静地反刍

自从在北美洲定居以来，当今野牛的祖先就征服了整个北美大陆，从墨西哥一直至加拿大。那里食物丰富、捕食者少，并且它能完美地适应大平原时有的恶劣气候。它们的这种扩张大约花了 2 万年，最终，在 11 万年前得以完成。成为北美大陆上最普遍的哺乳动物后，野牛可能是世界上数量最多的野生反刍类动物。它们会组成大约 400 头及以上的群体，并随着草的生长情况而迁徙。相反地，作为它们近亲的树林野牛，比如欧洲野牛则不会迁徙，它们会长期待在森林中。

保护计划：同类中的典范

当今的美洲野牛的保护计划可以说是同类中的典范。在占据美洲之前，美洲野牛的数量为 5000 万 ~ 8000 万头，而在 1890 年，只剩不到 750 头。这种几近灭绝的现象归咎于殖民者一心想要扎根当地而发起的猎杀活动。这些殖民者既受不了来自动物的竞争，也无法容忍依靠野牛而建立文明的印第安人。

一项关于促进保护、繁殖和重新引进野牛的计划的实施拯救了该物种，它们的数量在 2005 年达到 30 万头左右，其中有 3 万多头处于野生状态。然而，因为需要与其他牛类杂交，所以它们的基因并非纯种。

同样的命运也降临在欧洲野牛身上：1929 年，它们仅剩 54 头，在这一基础上，人们重新畜养并发展它们。然而，它们依旧会因为缺乏物种变异能力而受到基因偏移的威胁。据估计，2002 年，它们在全球的数量约为 3000 头，其中有一半以上生活在波兰和白俄罗斯的森林中。

LE BISON.

獾

欧洲獾、狗獾
Meles meles

古代的见证者

鼬鼠的这个表亲是欧亚大陆上最大的鼬科动物：身长约 1 米（其中尾巴长 15 ~ 20 厘米），雄性重达 25 千克。我们首先会注意到它们既笨重又精细的身形轮廓。笨重，是因为它们看起来像一只小型的熊；精细，是因为它们可以在挖掘机般尖利爪子和前肢的帮助下，迅速钻入挖掘的地洞中。獾分布在整个欧洲地区，主要生活在海拔 2000 米以下的树林中。据推测，大约 80 万年前，它们已经在那里出没了。现存的獾的骨骸上有刻意的、有目的的切割痕迹，这说明，在 20 万年前，人类就开始捕食它们了。同所有穴居动物一样，它们的皮毛可以在打洞时的摩擦中保持柔软，而且易于清洁。它们相互梳理毛发的行为（社群型梳理）是其十分规律的日常活动，通常在夜间活动开始之前进行。

复杂的洞穴

獾通常是群居的，一般 6 ~ 20 只为一个群体，然而也有一些獾是独自生活的。它们每个群体都会占据一个洞穴，成年獾会随着时间的推移继续挖掘、修缮它们的领地。一些复杂的洞穴有的居住了几代獾，有些洞穴甚至超过了一个世纪。獾的一个洞穴可以有约 30 个入口，分设休息区和走廊，有时这种多层的居所面积可以达到 2000 平方米。獾害怕潮湿和水灾，所以洞穴通常会设在一个略微倾斜的大树底下，人们可以根据洞穴周围的废土堆轻而易举地辨认出它们的洞穴。獾的活动区域可以延伸至 30 ~ 50 公顷，在食物匮乏的地区，它们的活动范围有时还会更广。獾主要以昆虫为食，但也会食用蘑菇、小型啮齿类动物、水果、块茎、蚯蚓、蛇以及一些两栖类动物。秋季时它们对食物的需求更大，因为它们需要为即将到来的冬眠做准备。它们的冬眠期介于 11 月到翌年 2 月间，具体时间取决于它们居住的地区，在寒冷的、冰雪覆盖的国家，冬眠期从 10 月到翌年 3 月。在这之前，它们会在后肢增加许多脂肪，因此体重会增加约 60%。

保持稳定的数量

獾在冬眠结束后繁殖，但由于受精卵植入延迟，妊娠期推迟了 10 个月，因此雌性在翌年生产。它们一胎可生产 3 ~ 5 只幼崽。像食肉动物一样，幼崽刚出生时都闭着眼睛，6 周后才可以离开洞穴活动。幼崽会在四五个月大时断奶，但在 1 岁之前都会待在母亲的身边。獾深受狐狸为对抗狂犬病而释放的气体的危害，此外，它们自身也可能会感染上狂犬病。与此同时，栖息地环境的改变，或由农林业改造（如单一树木或谷物的扩张式种植）而引起的营养资源流失也威胁着它们的生存。如果没有阻碍獾繁殖的不利条件，它们会占领大量的郊区地带，但它们也会成为交通道路的受害者。长期以来，作为农作物的掠夺者，獾被认为是有害的、可以被完全消灭的动物。目前，在法国，人们对它们的数量及分布情况了解较少。然而，尽管獾已经放弃在一些高度城市化的地区生活，但此物种还是保持着比较稳定的数量。

LE BLAIREAU.

冰岛羊

冰岛绵羊

Ovis aries

来自北方的强韧品种

作为家畜领域的专家，布丰介绍了这种无论是当时还是现在，看起来都有些非主流且边缘化的生物，因为大多数品种的羊皆源自中东和亚洲。野生角羊（原为绵羊）的驯化始于公元前11000—公元前9000年的小亚细亚地区，随后扩散到整个地中海周边。起初冰岛并没有足够的养殖技术和条件，但冰岛羊却能适应极端气候，故而得以存活。

冰岛羊，也称作"icelandic"，源自34个古老的北欧品种，最初在挪威扎根，随后约于公元前3000年在北欧"开枝散叶"。冰岛羊是在9世纪由移居冰岛的维京人从挪威等地引进的。它们能给人类提供羊毛和肉类，且不需要太多的照顾或管理，并能够自行应对或避开捕食者，其强大的适应力能辅助维京人的生活与繁荣发展。居住于苏格兰北部群岛的索厄羊则属于另一支北欧种族，这次是由凯尔特人引进的。由于岛屿的地理环境与外界隔绝，且冰岛羊很难与其他物种杂交，因此冰岛羊被认为是现今世界上最纯种的生物之一。

原始特性

如其他北欧放牧品种一样，冰岛羊身形小巧（约40千克）、四肢短。雄性与约10%的雌性有角。如版画所示，其毛色通常呈深色，而现今多为多色混合。冰岛羊能产出两种类型的羊毛，其中一种较粗糙，所以人们通常只会选用另一种。

现代化的测试

如今冰岛羊因其羊毛产品而得到关注。1985年，冰岛羊被引进到北美洲（先是加拿大，而后是美国），起初是被用作肉类羊，之后则用于保育。19世纪，人们为了改良品种而引进其他动物，但这样做通常会引入疾病和导致动物死亡。直到20世纪50年代，冰岛羊因能提供高质量的羊毛而使其繁殖有利可图。如今，在冰岛，大约有45万只冰岛羊，它们如野生状态般，以小群体方式生活。3～11月，羊群散居在自然环境中，以草、苔藓和地衣为食；秋天它们会聚集起来，并在羊圈里度过冬天。

LA BREBIS D'ISLANDE.

水牛
非洲水牛
Syncerus caffer

有角的野兽

较有名的水牛是非洲水牛。根据科学家的说法，这一物种有四五个亚种。还有另一种原始的亚洲水牛，它是所有水牛的祖先。这些亚种的命名得益于 6 世纪引进到意大利的一种亚洲家养水牛。"水牛"一词源于拉丁语"bubalus"和古希腊语"boubalos"，意思是"有角的野兽"。人们可以根据牛角的形状区分非洲水牛和亚洲水牛：前者的角呈弯钩状，后者角的曲线相对平直。

像许多野生牛类一样，非洲水牛身形庞大，相当矮壮：雄性身高可达 1.7 米，体重可达 900 千克；雌性则可高达 1.4 米，重达 600 千克。其实，在各个水牛亚种之间存在着很重要的差别：最小的一种（身高约 1.2 米，重约 320 千克）生活在森林地区，它们可以敏捷地钻入茂密的植被中；最大的被称为"好望角水牛"，它们的分布区从坦桑尼亚到南非。尽管非洲水牛很重，但它们奔跑的速度可以达到每小时 35 ~ 55 千米。

团结就是力量

非洲水牛为食草动物，生活在长有或稀或密的树木或荆棘的热带草原上、破碎化的森林中，甚至一些几乎半沙漠化的地区（只要那里方圆 20 千米内有水源）。非洲水牛对在水源附近生活的需求比亚洲水牛要低一些，为了全年都能找到食物，它们会根据雨季迁徙。在东非，它们的年度大迁徙涉及数千头水牛，还有斑马、羚羊和捕食者们为伴。

非洲水牛依赖听觉侦察入侵者，而非视觉。它们尤其信赖自己的社会组织：这一群体由多个部落组成，每个部落由一两头雄性水牛及聚集在它们周围的多头雌性水牛组成。这一组织结构帮助它们很好地应对捕食者，特别是在繁殖期。在面临危险时，非洲水牛采取同其他牛群一样的策略：成年的水牛包围住年幼的水牛，形成像车轮辐条一样的阵型对抗威胁。在旱季，雄性水牛会远离牛群，然后根据不同的年纪组成"俱乐部"（clubs）或独自生活。

数量丰富的物种

如今，非洲水牛的数量在 100 万头左右，它们分布在整个撒哈拉以南的非洲地区。狩猎、战争，尤其是环境的变化和变迁让它们的数量在 19 世纪后半叶大幅减少。19 世纪和 20 世纪的大型狩猎活动消灭了最好的种牛。事实上，尽管一些生活在山区的水牛的数量在迅速减少，但是整个物种的数量并没有受到威胁。

LE BUFFLE.

红羚、巨羚

红麋羚

Alcelaphus caama

南半球的牛

红麋羚曾长期被人们当作狷羚的一个亚种，因为狷羚是有最多变种、分布最广的羚羊之一。我们现在知道的狷羚是 3 个公认的物种中单独的一种。羚羊的系统分类十分复杂，因为气候等原因，它们的祖先不断产生种群分化，最后一次大的分化发生在大约 25 万年前。

羚羊被重新归类在一个叫"狷羚亚科"（Alcelaphinae）的群体中，这一亚科出现在 550 万年前，是非洲牛科亚族中最晚出现的。至于红麋羚，人们在追溯到 74 万年前的化石矿床中确认了它的存在。布丰的版画十分忠于现实：它全身覆盖浅黄褐色皮毛，背部有黑色的斑痕，因此英国人也称其为"红羚"。

小型的反刍类动物

红麋羚是一种比较精巧的有蹄类动物，平均身高为 1.35 米，雄性重约 150 千克，雌性重约 120 千克。红麋羚的性别二态性不太明显，主要的区别在于两者的角：雄性的角长约 60 厘米，在争夺交配权的决斗中使用；雌性的角略微小一些，且底部比较薄。二者的角都长在额头上，这是该物种的一个辨别特征。红麋羚以食草为主，它们的嘴巴是该物种中最长的；此外，得益于其修长的臼齿，它们可以有效地咀嚼。它们对水的依赖性不强，在缺少块茎和笋瓜等食物时才会喝水。同大多数根据雨季和草木生长情况而迁徙的非洲食草动物一样，红麋羚大都过着"游牧生活"。虽然是群居动物，但它们没有发达的社会组织。红麋羚在夏天雨季来临前生产，幼崽被隐藏在灌木丛中，它们成长快速，出生几周后就可以跟着成年红麋羚迁徙。

一个幸存者的故事

红麋羚不是大型食肉动物特别关注的猎物：它们只占狮子食物的 7%，占猎豹食物的 2%。面对追捕时，它们常采取"之"字形路线逃跑，意在迷惑捕食者。狮子通常猎捕成年红麋羚，而其他食肉动物则会追捕幼年红麋羚。

以前一些人为了食用红麋羚的肉或者将它们的角制成装饰品而猎杀它们，这差一点让红麋羚从地球上消失，在 1875 年时，它们几乎要灭绝了。此后，一些保护措施和在它们迁徙的地带建立的园区帮助它们维持生存。如今，红麋羚生活在赞比亚、博茨瓦纳以及南非和安哥拉的北部地区。

LE CAMAA *ou* BUBALE.
d'après M^r. Allèmant.

41

田鼠

Arvicolinae sp.

至少有 155 个品种

在这幅版画中，布丰呈现了 2 种不同的田鼠，他想告诉我们，世界上不只存在一种田鼠。科学家辅证了他的想法：18 世纪以来的研究分辨出了至少 155 个田鼠品种。田鼠这一共同的术语名称涵盖了田鼠亚科的所有分支，除了遍布中国和加拿大的真正的田鼠外，还包括旅鼠和其他比较少见的品种。它们尤其偏爱北方温和的气候，大都生活在北半球的群落生境中，因为那里有森林、草原和牧场。其中，一些品种在末次冰期（距今 11 万 ~1 万年前）消退后退守到了高海拔地区。因此，我们可以在法国阿尔卑斯山海拔高达 4700 米的地区看到欧洲雪地田鼠，它们的生活舒适区在海拔 2500 米左右。这种耳朵和尾巴都短小的小型啮齿类动物的得名得益于布丰。这一物种的大多数个体身长 13 ~ 20 厘米，其中尾巴长 3 ~ 5 厘米，重 20 ~ 50 克。

繁殖极快的动物

在欧洲，最为人们熟知的田鼠是普通田鼠。它们在西欧、中欧、东欧以及俄罗斯中部都十分普遍，但是，它们的领地还没有到达地中海盆地或俄罗斯北部地区。一些普通田鼠孤立地生活在根西岛和奥克尼群岛上。

雌性田鼠在出生后约 33 天达到性成熟。在西欧，在每个生产季节——从春季到夏季结束前，它们能分娩 3 ~ 5 次，每次生产 3 ~ 8 只幼崽。田鼠的平均寿命是 4 个半月，雌性常常在第三次分娩后死亡。

田鼠在深达 30 ~ 40 厘米的洞穴中生活。它们挖掘的隧道通常长达几米，通往草径，这些小道可以帮助它们迅速躲避天敌。它们在那里储存食物、休息和繁殖。与其他动物不同，雌性负责防御敌人。

幸存者

田鼠主要以草、苜蓿以及谷物种子为食，它们用不断生长的、锯齿状的牙齿切碎食物。它们每天可以吃下相当于自身体重的食物。在旺盛繁殖期，它们甚至可以毁掉全部的庄稼。但是，这也是它们不得不应对主要捕食者（如仓鸮、灰林鸮、短耳鸮、赤狐、伶鼬、石貂和欧洲鼬）的时期，此时后者的数量也在大量增加，至少在法国是这样的。

田鼠有过许多艰难时期，特别是 20 世纪 50 年代至 80 年代的化学农业兴盛时期。但是，当化学物质的毒性降低时，田鼠能很快适应环境。当下，田鼠的数量在全球范围内基本稳定，甚至在一些地区，特别是西班牙，其种群数量依然在持续增加中。

LE CAMPAGNOL.

孟加拉狞猫

沙漠猞猁、羚猫

Caracal caracal

出名但近期才得名

狞猫属于猫科动物。如今，这种动物的知名度比以前低：在古代（77 年）老普林尼（Pline l'Ancien，古罗马作家、博物学家、军人、政治家）在《自然史》中第一次谈及它。但是，人们在更早之前就开始描绘它了，特别是在那些可以追溯到公元前 20 世纪到公元前 18 世纪的古埃及壁画中。布丰并非首个提及狞猫的人，但却是在 1761 年为它命名并进一步将之分为标准狞猫和孟加拉狞猫 2 个种类的人。然而，1776 年德国博物学家史瑞伯（Schreber）根据林奈命名系统对狞猫的学名进行了定义，他像之后的学者一样，只分成了一个种类。我们也认为，布丰笔下的孟加拉狞猫是狞猫的一个亚种，是 8 个（或 9 个）被认证的亚种中最东方的物种。

羚羊的捕食者

狞猫耳朵上的黑色毛发为它们带来了"沙漠猞猁"的称号。但是，这两种猫科动物的相似之处也仅此而已。狞猫全身毛色均匀，但它们的毛色会根据不同地区而有所不同。其毛发颜色从浅黄褐色、红棕色到灰褐色不等，以便于同周遭沙漠、干旱草原或热带草原的环境色保持一致。狞猫重 16 ～ 20 千克，身长 60 ～ 105 厘米。其尾巴长 20 ～ 30 厘米，而布丰给它画的尾巴显然太长了。除掌心的肉垫外，狞猫四肢末端有硬毛，因此它们可以像穿着雪地鞋一样在疏松的土里或沙地上活动。它们敏捷而灵活，行动既有力又松弛。如今它们生活在非洲的大部分地区（撒哈拉沙漠及森林地区除外）、中东以及印度的大部分地区。在埃塞俄比亚，人们甚至能在海拔超过 3000 米的地方找到它们的身影。

狞猫会捕食一些中等体形的猎物。在它们的饮食清单中有羚羊，因此，它们在撒哈拉东部也被称为羚猫。但是，狞猫不只捕食一些鸟类（如山鹑、野生珠鸡、鸨，而没有版画中所示的海鸟）和哺乳动物（如野兔、幼猴、小型羚羊、野猫、耳廓狐），它们也食用昆虫，还定期捕杀绵羊，至少在集约化饲养绵羊的地区会如此。

受全球保护

狞猫因其广泛的地理分布而为人们所熟知。雌性狞猫一年繁殖 1 次，一胎孕育 2 ～ 4 只幼崽，幼崽在出生 6 周后断奶，并在 10 个月大时离开母亲。对于雌性狞猫而言，一旦达到性成熟，就会离开母亲。狞猫数量的增长依赖于它们获取的猎物，而它们多样的饮食亦是该物种得以存活的保证。

狞猫受到适用于大多数国家的国际法规的保护。它们在大多数非洲、中东和小亚细亚国家受到保护，但是在纳米比亚或南非，因其对家畜造成了损害，故仍然遭到猎杀。尽管如此，狞猫的数量在整个非洲南部依然很多。在其他地区，如中非、东非、西非以及印度，农业的发展和大范围的沙漠化破坏了狞猫的栖息地，并将它们隔绝成小的群体，这妨碍了它们种群数量的增长。因为对群落生境的变化和对疾病的敏感性不断提高，狞猫的基因遗传能力日趋贫乏，故它们的数量在减少。

LE CARACAL DE BENGALE.

美洲獾

美洲獾、北美獾

Taxidea taxus

杰出的掘地者

如果说"貂熊"是个错误的命名，我们可以说"这是布丰的错"。现在在加拿大法语区，这一名称用来指称狼獾。布丰此处呈现的是另一种鼬科动物，它其实是一种獾——美洲獾。像欧洲獾一样，它头上的毛发黑白相间，背上有一条绵延的白色线条，脸颊有黑色色块，身上的毛发呈灰色，尾巴短小。美洲獾比它的欧洲表亲娇小得多，身长 62 ~ 75 厘米（包括尾巴），重 6.5 ~ 7.2 千克，雄性可达 8 千克。它长达 5 厘米的前爪令人印象深刻，这显示出它是个强大的掘地者。

以啮齿类动物为食

美洲獾广泛分布在加拿大中部到墨西哥南部地区。它们遍布于土质松软、容易挖掘的地方。虽然人们会在春季白天里发现正在觅食的雌性美洲獾，但它们本质上还是夜行动物。它们是善于掘地的食肉动物，借助惊人的爪子和发达的肌肉，它们可以在土里迅速移动。它们会捕食领地内的啮齿类动物，在它们的食物清单中，我们可以看到或多或少与地下生态相关的动物，如囊地鼠（一种食用球茎或植物根的啮齿类动物）、草原犬鼠（会精心打造其社会组织）、黄鼠属动物、旱獭属动物、鼹鼠、北美鼠兔以及大大小小的田鼠。美洲獾还是蝰亚科及其他爬行动物的主要捕食者，同时也食用玉米、蘑菇、昆虫或鱼等。这种兼收并蓄的饮食方式，使其可以适应不同的群落生境，其生存海拔最高可达 3700 米。

当代的困境

像所有獾类一样，雌性美洲獾会挖掘洞穴来安置后代。它们的洞穴非常复杂，常用隧道连接多个雌性獾的洞穴。但是，它们的洞穴深度一般不超过 3.5 米。美洲獾也会打造其他的洞穴，它们会频繁地更换居所或者扩大并利用其猎物的洞穴。冬季，美洲獾会待在洞穴中，为了能连着居住几个月，它们会保持这个居所环境的整洁。夏季，它们变得很好动，在一天到一周内，它们会随着自身的行动更换 1 ~ 3 个日间休息的洞穴。

对于雄性美洲獾而言，它们在一年内的活动范围会达到 600 ~ 800 公顷，雌性的略窄一些。然而，由于农民捕捉囊地鼠，使其食物供应减少，因此美洲獾惯有的生活领地变得越来越分散。一些美洲獾因此选择到居民点附近冒险，因为那里隐藏着许多小林姬鼠、昆虫和鼹鼠。

虽然美洲獾长期因为其皮毛而遭到捕杀，但是除了 2 个加拿大亚种外，美洲獾并没有受到威胁。加利福尼亚的美洲獾亚种则得到了特殊的保护。

LE CARCAJOU.

河狸

欧亚河狸

Castor fiber

多于两个种类

在中新世末期（距今 2000 万 ~1800 万年前），几十种河狸重新归入了同一物种，如今，它们只剩下两个种类。一种生活在美国北部和加拿大，另一种自几大冰期结束后生活在欧洲森林里的漫流中。在布丰生活的时代，版画中呈现的欧亚河狸还活跃在西欧地区。

它的学名由 castor 和 fiber 两个词组成，前者意指坚固的地方，这和它用树枝建造的居室有关；后者源自日耳曼语词汇 biber，指称该动物自身。这一词源在许多不同形式的地名中都可以找到，如比耶夫（Bièvre）、布雷翁（Brévon）、贝弗龙（Beuvron）、宝夫龙（Bouvron）和布雷瓦讷（Brévannes）等。由此证明，在法国北部曾经存在过大量的欧亚河狸。

十足的隐蔽性

这种大型啮齿类动物身长约 80 厘米（尾巴长约 30 厘米），重约 30 千克，它们身披浓密而温暖的棕红色或黑棕色皮毛。欧亚河狸身形独特，易于辨识，但是，我们还是需要仔细探寻，因为独居的欧亚河狸的行踪非常隐蔽：黄昏时平静的河面上划过的一道水痕，是它在安静地游泳，此时的它只有鼻子露出水面。潜水时，它的鼻孔会闭合，耳朵会折起来；得益于它半蹼状的后掌、符合流体力学结构的皮毛以及有力的尾巴，它可以在六七分钟内（最长 14 分钟）不呼吸，并一口气游动 300 米左右。

欧亚河狸建筑的工程（洞穴）比其北美表亲的要小。它们的洞穴倚靠着陡峭的河岸，在水下的入口有一道闸，这道闸可以帮助它们在进入位于水面上方的干燥洞穴休息前将自己清理干净。

重返法国

欧亚河狸的皮毛密度超高（每平方厘米约 23000 根），既保暖又防水，这是它们长期被捕杀的原因。然而，海狸香才是它们被捕杀的首要原因。这种油质的分泌物由 50 多种化学元素组成，可以帮助欧亚河狸标记领地、磨光皮毛。自古以来，海狸香就因其止痛功效而闻名于世，同时它可以用于香水制作，在布丰生活的时代，它还被用来制作解毒剂，也被用作性兴奋剂和食品添加剂。

19 世纪上半叶，人们曾大肆捕杀欧亚河狸，这使它们差一点从欧洲大陆上消失。1900 年，人们最多能在法国统计出 100 多只欧亚河狸。自 1909 年起，该物种在罗纳河谷地区受到了保护；此后，减少水污染的行动使它们得以重新进入并分散于欧洲，此后它们花了 60 多年重新征服了欧洲大陆。如今，欧亚河狸几乎遍布欧洲平原的每一个地区。2017 年，欧亚河狸在埃松地区安家的迹象表明，它们即将在法兰西岛地区定居。

LE CASTOR.

马鹿

红鹿、赤鹿、八叉鹿

Cervus elaphus

高贵的动物

还需要介绍马鹿吗？这种生物从 18 世纪以来就广为人知了。布丰用诗意的语句这样描绘它们："这是一种天真、温柔、宁静的动物，它们的存在似乎只是为了赋予孤独的森林一些活力……"虽然这种优美的动物也对农业有害，但这并不妨碍布丰这样写下去："鉴于它们是森林中最高贵的动物，只有最高贵的人才配享受它们带来的乐趣。"有趣的是，通常热爱呈现动物们最佳状态的布丰，在这幅版画中却展现了一只鹿角羸弱的 3 岁左右的马鹿，而且它的鼻子也有些过大了。此外，版画中，马鹿眼睛的位置也不准确，它们本应该在两侧，版画中却位于与头骨轴线几乎垂直的一条线上。

森林，它们的避难所

马鹿大约在 250 万年前出现在欧洲西部，它源自一支鹿属动物，该物种分为 2 个亚种，一种是生活在西古北界至中国西部的马鹿，另一种是生活在欧亚大陆东部和新北界温和地带的加拿大马鹿。在欧洲，我们通过基因测序辨别出了一种真正的、西方的马鹿和另一种明显来自欧洲中部的马鹿。它们通过生物特征区分彼此，来自欧洲中部的马鹿的体形比另一种大得多。马鹿最初是一种开放或半开放地区的动物，并非像今天一样生活在森林中，因此其形态适合奔跑。显然，是狩猎活动将它们逼到树林深处藏身，以逃避捕猎者。这种群落生境和生态的变化迫使它们改变自身特性，去适应树林里的生活。

在法国，数量波动大

在法国，马鹿的平均身高为 1.4 米，重约 150 千克（最重达 250 千克），雌性身高约 1.2 米，重约 80 千克（最重达 100 千克）。19 世纪时，由于枪支的普及，马鹿在许多地区消失了。如今，我们在法国统计出约 15 万只马鹿。然而，该物种也带来了经济、环境和农业等问题。交通道路的发展分割了它们的种群和群落生境，使得它们基因的丰富性在缓慢而规律地减少。而由于某些地区缺少像狼一样的大型捕猎者，马鹿在当地的数量过剩，给那里造成了巨大的经济损失，尤其是林业。

LE CERF.

科西嘉马鹿

科西嘉马鹿

Cervus elaphus corsicanus

身形最小的马鹿

对这种马鹿最早的博物学观察是在科西嘉岛上。布丰之所以认识它，是因为他在 18 世纪 50 年代得到过几只，他用"科西嘉马鹿"这一名字特别区分了这种马鹿。接着，根据林奈分类系统，德国博物学家约翰·埃克斯勒本（Johann Erxleben，1744—1777）保留了它地理上的形容词，将它命名为 *Cervus corsicanus*。如今，我们认为科西嘉马鹿是马鹿的一个亚种。它是身形最小的马鹿之一，雄性身高 0.85 ~ 1.1 米，重 100 ~ 110 千克；雌性身高 0.8 ~ 0.9 米，重 80 千克左右。它的短腿适应了科西嘉岛上由繁茂的荆棘丛和陡峭的地形构成的艰苦的生活环境。

从古罗马引进

科西嘉马鹿是撒丁岛和科西嘉岛的特有种。它们源自意大利中部，在 8000 年前就来到了撒丁岛。在这一时期，它们的体形就已经很小了。科西嘉马鹿是一个生活在非洲北部和地中海盆地的、具有共同遗传特征的群体。人们将生活在阿特拉斯山脉的巴巴里马鹿也归入了这一类别。古罗马人把马鹿带到了科西嘉岛，它们在那里繁殖，在中低海拔（200 ~ 800 米）地区生活，偶尔也在接近海平面的地区生活。这种引进方式迫使科西嘉马鹿改变饮食习惯：由会反刍的食草动物变成了一定程度上的食叶动物，它们会将草本食物调至适当的比例，食用一些树叶和灌木的嫩芽，甚至食用多种橡树的叶子和果实。

除在 8 ~ 11 月比较早的发情期鸣叫以外，科西嘉马鹿遵循了欧洲大陆地区马鹿的繁殖方式。至于科西嘉马鹿群，它们由一只年长的雌性引领，而雄性则在繁殖季节结束后独自生活。

返回到脆弱的恩典中

在整个 20 世纪，科西嘉岛和撒丁岛的马鹿的数量急剧减少，仅在撒丁岛南部遗留 2 个生活着马鹿的地区，它们在此活跃至今。而科西嘉岛上的最后一只马鹿在 20 世纪 60 年代因偷猎而死。此后，人们开始保护这种动物。2004 年，人们在撒丁岛统计出了 2000 只马鹿。在科西嘉岛上，人们在 1985 年重新引进了撒丁岛马鹿，这保证了岛上的南部地区始终生活着 100 多只野生的马鹿。科西嘉岛北部地区马鹿的数量紧跟其后，但是那里的马鹿目前只生活在农场中。

LE CERF DE CORSE.

臆羚
阿尔卑斯臆羚
Rupicapra rupicapra

山里的一种牛科动物

这种牛科动物与山羊和绵羊相关，都有生长多年的角。这些角由骨枢轴发展而来，每年都会生长一点，故人们可以根据角轮来鉴别该动物的年龄。而鹿科动物的角则每年都会脱落，来年春天再长出新的角。

在它的同类中，阿尔卑斯臆羚只与比利牛斯臆羚有共同的属性。长期以来，这2种动物被混为一谈，但事实上，它们是同一个大类中的2个亚种。1845年，拿破仑一世的侄子查理·拿破仑（Charles Bonaparte）为比利牛斯臆羚命名，由此区分了2个亚种。显然，布丰只知道一种臆羚。阿尔卑斯臆羚分布在阿尔卑斯山高地、汝拉山脉、喀尔巴阡山脉、小亚细亚半岛、巴尔干半岛和阿塞拜疆山区，同时还被引进到孚日山脉和法国中央高原。在阿尔卑斯地区，臆羚的这种亚种是沙特勒斯地区的特有种。而比利牛斯臆羚则占据了山脉的两侧，分布在西班牙坎塔布连山脉和意大利亚平宁山脉。

在高山上

臆羚体形适中：身高70～80厘米，重22～40千克。一般而言，雌性比雄性轻巧一些，但是两者的体重都会随着季节的改变有较大的变化。事实上，臆羚会在秋季增加体重，以便更好地度过缺少食物的冬季。它们的体重在初春时最轻。

臆羚并不是先天就生活在高山上的动物，捕杀它们的人类是迫使它们放弃自己偏爱的地区（海拔800～2500米）的罪魁祸首。对臆羚而言，森林是必不可少的生存环境，它们不太可能在高寒地区找到食物，在有冰雪覆盖的地区就更不可能了。夏季，它们的食物包括草本植物、灌木和小矮树的叶子；冬季，它们则以地衣、苔藓、树皮和针叶植物的叶子为食，有时它们还会下到山谷中寻找食物。

臆羚的心脏比其他反刍类动物的大，血液中也含有更多的红细胞（每毫升含有约1300万个红细胞，而人类有450万～550万个），这使它们能更好地适应高海拔生活。它们的腿的末端长有可以转变方向的、适合在岩石上攀爬的蹄子，趾间的隔膜让它们可以避免在冬季陷入雪地里。同时，一年两次的换毛期使它们可以适应季节和温度的变化。

不平等的繁荣

臆羚的妊娠期为4～5个月，一胎生产1只幼羚，生产时间一般为食物最多、最好的春季。幼崽0～1岁的存活率为50%～70%，此后存活率高达90%。

分布在阿尔卑斯山脉、法国的东部和中部地区的臆羚约有6万只。它们持续又缓慢增长的数量一方面表明了狩猎和偷猎活动有所减少，另一方面说明该地区的管理有所改善。然而大部分其他地区臆羚的数量都在减少，情况十分严峻。狩猎、旅游活动、林业发展都是威胁它们生存的主要原因。

LE CHAMOIS.

斑猫

山猫、欧洲野猫

Felis silvestris

老朋友

斑猫起源于一个由 4 个物种组成的群体，它们有共同的祖先，学名为 *Felis lunensis*。猫科动物大约在 340 万年前出现在当时森林密布的地中海盆地，它们在欧洲出现的时间可以追溯到大约 45 万年前，但从末次冰期开始后才广泛分布。我们可以在欧洲、亚洲（直到蒙古和中国）、非洲北部和中东发现它们的踪影。中东亚种是家猫和我们如今知道的所有猫的源头，包括那些经过严格筛选的品种。

斑猫非常强壮，在法国，雄性斑猫重 3.5 ～ 7.7 千克，身长可达 65 厘米，尾巴长 21 ～ 34 厘米；雌性重 2.7 ～ 4.9 千克，身长可达 57 厘米，尾巴的长度也有 21 ～ 34 厘米。斑猫有 30 颗牙齿，像所有猫科动物一样，它们的牙齿有些退化了，其作用只是用来咬死猎物和把猎物咬成可以吞食的大小。但斑猫的牙齿是所有食肉动物中最弱的。

厉害的猎手

斑猫是高效的捕食者。它们的生活范围与该地可提供的猎物的数量相关：雄性在大约 8 平方千米的范围内活动，雌性则是 2.3 平方千米左右。斑猫会捕食啮齿类动物，特别是那些生活在森林和草原边缘的田鼠和小林姬鼠（占其猎物的 88% ～ 97%）。斑猫的食物中还有鼩鼱、小鸟和年幼的野兔。在窥伺或小心地逼近猎物后，斑猫主要靠听觉和视觉抓住它们。在草原上，我们可以看到斑猫像狐狸一样"飞"起来，在逼近猎物后，突然高高跃起，然后扑向猎物。斑猫每天都更换住所，晚上它们会找空心的树桩、旧的洞穴或废弃的木堆来休息。

蓬勃发展，但未广布

自中世纪以来斑猫就开始衰退了，到了 19 世纪，受"有害动物"的声名所累，它们的数量变得十分稀少了。对此，布丰应该负一些责任，因为他把斑猫描绘成了"懒惰"而"狡猾"的动物。在工业化时代大量砍伐森林致使斑猫数量减少之前，猎人们还指责它们杀害小动物，并削减它们的数量。和家猫的杂交也削弱了斑猫的遗传学特性。到 20 世纪 20 年代，法国东北部斑猫的数量有了一些回升，这一势头一直持续到了 20 世纪 50 年代。1979 年，得益于有关斑猫的保护条例，它们的生活区域扩展到了法国中部及东部边境的整个地区（山脉地区除外）。斑猫在法国的这种复苏模式被欧洲其他国家（如比利时、瑞士、意大利等）效仿，在这些国家中，这种小型猫科动物的数量也在增长中。但是，这种复苏仍然没有遍及至斑猫数量较少的法国南部地区。

LE CHAT SAUVAGE.

蝙蝠
大鼠耳蝠
Myotis myotis

古老的物种

布丰节制地介绍了一种蝙蝠，搞得好像世界上只有那一种蝙蝠一样！其实版画中呈现的动物的特点让我们想到了一种体形较大的蝙蝠——大鼠耳蝠。它同小型蝙蝠一样，有着颜色相近的皮毛，是版画中动物最佳的候选者。

大鼠耳蝠翼展 35 ~ 45 厘米，重 20 ~ 40 克，是欧洲体形最大的蝙蝠之一。它们生活在欧洲南部和中部，但其领地还没到达英国北部或斯堪的纳维亚半岛。化石证明了该物种的悠久历史：那些在东欧发现的化石可以追溯到 180 万 ~150 万年前；至于在西欧找到的化石，它们可以追溯到 70 万 ~40 万年前。

乡间的穴居动物

在法国，除山区以外，到处都有大鼠耳蝠。像其他蝙蝠一样，夏季它们主要在地窖、采石场、洞穴入口处出没，尤其喜爱阁楼、钟楼和其他干热的地方；冬季则会找到有一定湿度，气温在 7 ~ 12℃或略低一些的洞穴来居住。它们有多处不同的居所，但相隔不会太远，因为它们全年一般只待在同一个地区。它们的狩猎场为开阔的地方或植被稀疏的树林，离居所也很近（不超过 25 千米）。它们在漆黑的夜晚出门，慢慢地飞翔着巡视自己的领地。它们会保持在离地 2 ~ 5 米的高度飞行，以便寻找自己偏爱的猎物，如步行虫科昆虫、鳃角金龟亚科昆虫、大蚊属昆虫、蜘蛛、多足类昆虫、直翅目昆虫、欧洲蝼蛄以及地中海地区的蟋蟀和蝉等。它们一个晚上能进食重约自己一半体重的虫子。

大鼠耳蝠的繁殖期在夏末，雌性 3 个月大时就达到性成熟。但因为大鼠耳蝠会在 10 月到翌年 4 月间气候差的季节里冬眠，所以在这段时期内，胚胎会暂停发育。在接下来的 6 月里，受孕的雌性会在洞穴里生下 1 只小蝙蝠，1 个月后，小蝙蝠就可以自己飞行了。

回归到恩泽中

大鼠耳蝠的天敌很少，一般为夏天出现在钟楼里的夜行穴居动物，或在分娩地点出现的石貂和家猫。像其他蝙蝠一样，大鼠耳蝠的繁衍受到以下因素的限制：自然环境的变迁、杀虫剂的使用、洞穴旅游业的发展、防鸽子电网的安装，以及打扰新生蝙蝠成长的城市过亮的照明。但风力发动机似乎对它们没什么影响。

在欧洲北部，大鼠耳蝠的数量在逐渐减少：它们在英国已经消失了，在荷兰正濒临消失，但在德国和波兰它们还大量存在（一个据点可能有 22000 只左右）。在比利时，它们只在桑布雷以南地区繁殖。在法国，最多数量的大鼠耳蝠分布在南部地区，那里有不少聚居着超过几千只（最多 4000 只）蝙蝠的洞穴。但只有冬季它们冬眠静止的时候，我们才可能统计出它们的数量。直到 20 世纪 80 年代末的经济萧条之后，大鼠耳蝠在欧洲各地才出现了明显的数量增长的迹象。它们的寿命很长，通常在 10 岁左右，少数可以达到 15 岁，个别的甚至可以达到 25 岁。这种超强的生命力有利于它们夺回失去的领地。

LA CHAUVE – SOURIS.
Sur ses quatre jambes.

矛头蝠
美洲果蝠、烟青矛头蝠
Artibeus obscurus

一种热带蝙蝠

美洲果蝠属于蝠科动物，鼻翼或多或少呈现出矛尖形的鼻页，是美洲中部和南部的特有种。这一族群的动物由 55 个属的 160 种分支组成。它们几乎占据了那里所有的地方，开发了所有可能的营养资源。例如，有一个分支善于捕食游在平静水面上的小鱼，而另外 3 个身形小巧的分支则以动物血液为食。美洲果蝠属动物是叶口蝠科里的一个属类，它涵盖了生活在新热带界大陆或岛屿地区的 18 个分支。

分布广泛

1821 年，在建立了美洲果蝠这个大属类后，人们就在亚马孙盆地从海平面到海拔 1400 米的地区发现了它们的身影，如潮湿的热带森林、棕榈园、果园、牧场、花园，等等。这一生物的体形很小：身长约 8 厘米，重 30 ~ 52 克。像所有食果的果蝠属动物一样，它们会时不时地捕食树叶上的昆虫。它们会飞着巡视到一定距离之外（远离其日间居所 10 千米之外）的捕食场。它们的食物主要包括在新热带界十分常见的伞树属植物的果实以及无花果。它们会把食物带回日间居所中，然后安静地品尝。美洲果蝠的消化速度非常快，它们可以排出种子，以此帮助传播树种。

依赖树木

无论哪个品种，美洲果蝠属动物似乎都在减少中，人们甚至不知道引发这一问题的具体原因。有人猜测是森林破碎化导致美洲果蝠分成一个个零碎的小群体。此外，人类对树林的开发也缩小了它们的生活领域。当然，这一生物或多或少能够适应其居住环境的变化。如今，我们只能寄希望于更好地了解它们，以便更好地保护它们。

LA CHAUVE~SOURIS FER~DE~LANCE.

马

家养马

Equus caballus

进化 6000 万年的结果

"人类有史以来进行的最崇高的征服活动之一是驯化了这种骄傲而充满热情的动物……"布丰的这句话曾经影响深远。的确如此，提到马时，人们头脑中立刻浮现的是用于比赛或娱乐的马的形象。它们的外形不一定统一，但可以肯定的是，它们绝不是末次冰期之后欧亚草原上典型的那种马。

马的历史众所周知：它是由一种身高约 35 厘米，体重略超过 5 千克的小型四足动物，经过近 6000 万年的进化而来的，它祖先的四蹄上分别长有四趾。如今，我们可以看到许多大型的马，比如平均身高 1.8 米（世界纪录是 2.1 米）、重约 1500 千克的英国夏尔马，人们培育它来承担一些繁重的工作。

人和马不可分离

自古以来，人和马就是共存的：首先，马是人类的食物来源之一；其次，马因为自身的奔跑速度、耐力和力量等特性而为人们所用。现在的马来自于一种已经进化了 500 万年的动物，因此，很难确定后者对前者带来的确切影响。马的驯化被认为发生在距今 4500 年前的波泰伊（现哈萨克斯坦地区）文化时期，现在的马由不同品种的祖先进化而来，其中包括已经灭绝了的森林马和亚洲野马，以及因奔跑速度快而深受人们赏识的"东方马"。事实上，基因研究为这一论断提供了证据。人们还模拟了一些更早期的、发生在 6000~5000 年前欧亚大陆西部的马的驯养试验。

尽管早期洞穴里的史前壁画很精细，但我们还是无法准确辨认出它们呈现的是哪一种马。考古学家发现了许多马匹的遗骸。这些遗骸源自一支庞大表型的品种，它们证明了这一时期的马都是小到中等体型的（身高 1.25 ~ 1.45 米）。在梭鲁特，人们曾经追捕路过的马群，因此发现了至少 2 种不同形态的马。对于这些马，我们更乐意讨论它们的形态而非它们的亚种，因为各种杂交早已使得马的系统分类界限变得模糊不清了。

还有野马吗?

唯一可以确定的是，现在已经不存在任何野生的马类品种了。最后一匹亚洲野马已在 1879 年被杀死了。至于其他亚种，它们早已被驯化了。普氏野马并非一种野马，它只是一种在 5000 年前或者更近时期内完成驯化后又重返野生状态的马，它就像在 16 世纪被西班牙入侵者带到新大陆的美洲野马一样。

LE CHEVAL.

西方狍

欧洲狍

Capreolus capreolus

既非马鹿也非山羊

因为讲法语的加拿大人把白尾鹿也称作"西方狍",所以我们有必要定义出"欧洲狍",以便把它与前者区分开来。事实上,虽然两者同属鹿科,但没有什么共同点。

"西方狍"(chevreuil)一词由古老的词根"c–p–r"而来,这一词根在拉丁语中也被称作"capra",即"山羊"及其语言学上的所有派生词,"狍属"(*Capreolus*)一词也建立在同一拉丁词的基础上,意思是"跳跃、奔跑的动物"。除了相同的词源外,山羊和西方狍没有什么相同点,前者属于牛科,是角会在骨枢轴上持续生长的有蹄类动物;后者是鹿科,其角每年都会脱落并重新生长。

狍属动物还有另一个代表——西伯利亚狍,又被称为亚洲狍。这种狍比其西方表亲大得多,主要生活在俄罗斯东部到远东地区、中国东北部和朝鲜、蒙古。

绝对隐蔽的行踪

西方狍是在大约 30 万年前出现在欧洲西部的。直到冰河时期,茂密的树林一直给它们做掩护,使它们很少甚至没有遭到人类的猎杀。此后不久,石洞壁画就不再提及它们了。第一批砍伐森林的活动迫使它们走出树林,但这反而促进了它们的繁衍,因为这些活动为它们提供了柔软的草料、花蕊、树皮和小树的嫩芽。在这一时期,它们也没有成为引人注目的捕杀对象:它们不是一种容易被追踪和捕捉的猎物,因为它们的奔跑速度可达每小时 90 千米,它们起身一跃可以跳出约 2 米高、6 米远。结果是,在长达几个世纪的时间里,我们对它们的分布区域和数量所知甚少。我们只能猜测,它们的数量随森林的变化而变化。我们来看一个证据:西方狍从英格兰中部的森林地带消失了 200 年之后,在 18 世纪又重新驻扎到了该地区,因为那里的人们开始了植树造林。

法国的西方狍

在法国,由于 19 世纪枪支的发展和普及,西方狍经历了一段衰退时期。随着狩猎法规的第一次完善,它们的数量又开始慢慢恢复。在 20 世纪 50 年代到 70 年代间,它们才真正繁盛起来。在 1945 年左右,它们已经重新在罗纳河地区定居。在这一次重启的"殖民"活动中,主角是来自东北部的西方狍。事实上,1970 年,在多个地区实施的重新引进西方狍的策略已经初见成效:1984 年到 1985 年,有 31 万只左右,而如今已经超过了 150 万只。这一数据不仅显示出人们对它们的成功培育和管理,也说明将被农业废弃的土地改造成新的活动空间,可以使西方狍的生活领域得到有效增加。

LE CHEVREUIL.

印度狍

印度麂、赤麂、吠麂

Muntiacus muntjak

数量多，但鲜为人知

布丰在观察到较小型的赤麂的角会脱落，而非永久性的角后，将它归类在鹿科动物之中。然而，他一定不知道这种在东南亚分布非常普遍的物种属于一个包含了11个品种的属类，而且这一属的动物都是亚洲地区的特有种。

虽然赤麂在各种类型的森林中十分常见，但是人们对它却不太熟悉。人们曾根据生物特征和毛发颜色将它分为15个亚种，每一个亚种都分属于一个特定的地区。12000年前的动物残骸证实了赤麂的独特属性，然而它的属类——麂属，早在500万~250万年前就出现在地球上了，那时该属的动物比现在更具多样性。

一种小型鹿科动物

赤麂平均身高几乎不超过50厘米，重17~30千克(最强壮的亚种重达35千克)。它们的性别二态性不明显。它们的角长在头部靠后的地方，几乎不分叉，而骨枢轴几乎比角长2倍，这使它们的头呈细长状。赤麂的角的这种构造让它们可以轻松地钻入丛林或长满高草的热带草原中，而不至于被挂在灌木丛上。凭此特征，赤麂比较接近早期完全没有角的鹿科动物。赤麂的另一个比较古老的特征是，雄性的牙齿很显眼。牙齿和角呈现的是我们所说的"次要性征"，目的是让雌性在繁殖期可以看见它们。在进化程度较高的鹿科动物身上，外露的牙齿随着角的进化而消失了。赤麂还有一个比较原始的特征，即明显的杂食性。它们吃草、树叶、树皮、种子、树枝、小鸟、鸟蛋，甚至腐肉。

一如既往的繁荣

赤麂曾经因其肉质和皮毛而遭到人们的猎杀。自现代农业腾飞以来，因为会吃掉小树的树皮，故在一些地区它们被认为是有害动物。但是，赤麂也没有因此受到威胁，因为它们可以很好地适应环境的变化。19世纪末，在英格兰，人们为了消遣引进了一个相近的种类——黄麂，这一动物适应了新环境并发展得非常好，并成为我们所说的"入侵物种"中的一员。此外，它们还经常引发交通事故。

LE CHEVREUIL DES JNDES.

嗅觉猎犬
Canis lupus familiaris

布丰，狗的爱好者

布丰详细介绍过许多不同的家养动物，有为食用或产奶而饲养的动物，也有用于劳作的动物，后者有马、驴，还有狗。狗从它的祖先那里继承了作为优秀捕食者的品质，有了狗的帮助，人类可以更好地捕获猎物。《自然史》中充满了布丰对狗的溢美之词："狗，抛开它优美外形、活力、力量和灵巧，尤其具有能吸引人类的美好的内在品质。"像往常一样，布丰把狗的品性类比于那些他在人类身上观察到的特点：这一动物的高贵特质与人类是一致的。布丰喜爱狗的另一个证据是，在"四足动物"系列中，将近 10% 的版画呈现的是狗。

一种不为人知的狗

版画中对嗅觉猎犬的呈现对辨识它们并没有太大的帮助。为了获得一些具有特定品质的猎犬，人们不断地筛选、杂交、培育它们。很多现有猎犬的品种直到 19 世纪末 20 世纪初才出现或才被确定下来。

嗅觉猎犬是服务于所谓的"大型犬猎活动"的狗。这是一种体形普遍偏大的动物（身高 65 ~ 70 厘米），它耐力强、活泼，喜成群活动，即使在很远的地方，它也能够准确记住主人的指示。"小型犬猎活动"中的狗，腿更短、身高更矮一些，适合在较短的距离内或特殊的条件下（例如地下）追捕猎物。嗅觉猎犬为独居动物，在捕杀猎物方面特别在行，擅长把猎物赶出巢穴并追逐它们。

消失的猎犬

我们在嗅觉猎犬身上很容易辨认出一个被神化了的祖先：双色的毛发、长且下垂的耳朵、开阔的上身、纤细的四肢和较长的尾巴。这一祖先被认为是一种自文艺复兴时期或更早的时期起就存在的猎犬——在关于亨利四世的宫廷著作中提到过它们。我们常常会在古典的狩猎绘画作品和挂毯中看到它们。这种善于捕狼的猎犬在狼消失后也变少了，到 19 世纪中期，嗅觉猎犬几乎灭绝了。

这种狗最后的代表被用于和其他狗杂交出大加斯科·圣通日犬，后者是一个在 1885 年左右被培育出来并延续至今的品种。虽然嗅觉猎犬已经灭绝了，但可以确定的是，它与其他品种的猎犬杂交出了后代。

LE CHIEN COURANT.

麝香猫

非洲灵猫

Civettictis civetta

气味很重的动物

非洲灵猫体形很大，它是非洲灵猫属中唯一的代表。它的主要特征是体味很重，这为它带来了麝香猫的名字。虽然它有着猫科动物的外形，却与后者毫无关系。它属于灵猫科，是一种生活在非洲和亚洲热带地区的食肉动物。

非洲灵猫学名中的"civette"一词与"cive"（香葱）和"ciboulette"（细香葱）有同样的词根，后两个词都暗示着一种浓烈而独特的气味。非洲灵猫属类的命名"*Civettictis*"在1915年才得以确立，这一名称一半是法语"cive"（香葱），另一半是希腊语"–ictis"，意思是"水貂"（vison），提示人们，非洲灵猫的外形接近鼬科动物，但体形更大。

非洲灵猫生活在整个撒哈拉以南的非洲（除了沙漠地区）。它们喜欢水，可以适应多种不同的群落生境，包括高海拔的环境。就像许多分布很广的物种一样，它们在不同地理环境中的变异被固定下来并遗传给后代，并分出了不同的亚种，灵猫科有6个亚种。

没有非洲灵猫就没有香水

和一个来自亚洲的种类——熊狸一样，非洲灵猫是灵猫科中体形最大的。它们的尾巴毛发浓密，身长70～85厘米，尾巴长35～45厘米，体重可达20千克。它们也是非洲唯一的灵猫科动物。非洲灵猫的毛发似乎有点蓬乱，不同个体毛色有所不同。当感到危险时，非洲灵猫背部的深色毛发会竖起来。当靠近农场时，可以说它们的天敌很多，从大型食肉动物到家养狗都有。它们的饮食会随着季节变化而变化，它们什么都吃，有时它们的食物中会有鸡，但是它们本质上还是杂食性的，它们喜欢吃昆虫、水果、小型哺乳动物、淡水蟹、千足虫、小鸟和蛋类等。

自古以来，人们为了获得非洲灵猫会阴部的腺体分泌物——灵猫酮而捕杀它们。灵猫酮是一种与麝香一样，在香水中用作固定剂的蜡质物质。布丰对此有所认知，因为他在《自然史》里提到过。为了获取灵猫酮，人们人工饲养非洲灵猫。一只非洲灵猫每周可以分泌3～4克灵猫酮。化学合成麝香的出现使非洲灵猫重新获得了自由，除了埃塞俄比亚的非洲灵猫，该国至今仍人工饲养着上千只非洲灵猫，生产了全球90%的天然灵猫酮。

绿色指标

虽然非洲灵猫在尼日利亚、加蓬、刚果共和国和刚果民主共和国仍然会因为其肉质、皮毛以及一些宗教因素而遭到猎杀，但它们不是濒危物种。在埃塞俄比亚，人们会定期捕捉野生的非洲灵猫用于发展人工饲养，但是很多非洲灵猫在被剥削之前就因为紧张或受伤而死亡了。

LA CIVETTE.

土猪
土豚
Orycteropus afer

历史悠久的动物

土猪，布丰给这种动物起了个好笑的名字，但他并没有错，因为他准确地翻译了它的南非语名字"aard-vark"。如今法国人更习惯用它学名的法语形式"oryctérope"——土豚来称呼这种历史悠久的动物。它是土豚属最后的代表，是管齿目中的唯一科，该目本身也是专门为它而设的。能够代表土豚目属的最早的动物出现在大约500万年前的肯尼亚地区，我们可以通过牙齿的形状来区分它与其他动物。人们在阿尔及利亚发现了最古老的土豚化石，在欧洲和中东也发现了可以追溯到该地区还处于干旱的热带气候时的土豚化石。

固守自己的领域

土豚占据了很多有白蚁出没的群落生境，它们几乎只以白蚁为食。它们出现在撒哈拉以南的大多数国家，除了那些有太多岩石或太过炎热的地方。它们也会生活在森林中，只要那里有充足的食物。海拔对它们而言也不是问题，人们曾在埃塞俄比亚海拔3200米的地方发现过它们。

大多土壤松软的群落生境都很适合土豚生活，因为它们是"掘土机"：它们的前爪"全副武装"，以便粉碎土块来寻找白蚁，在食物匮乏的时候，它们还会寻找甲虫的幼虫为食。白天，它们还会挖一个洞穴来休息或躲避敌人。虽然它们重达60 ~ 80千克，需要很大的空间，但它们挖洞只需要几分钟的时间。不只是前爪，它们具有掘地动物所有的特征：圆柱形的身躯和尾巴、稀少的毛、厚厚的皮肤以及发达的嘴。只有其过大的耳朵有点出格。土豚大多时候为夜行动物，它们依靠嗅觉来掌握自己身处的环境，比如侦测入侵的敌人。它们高度发达的感官，能帮助它们准确找到猎物，包括那些藏在地下的白蚁。它们的生活模式使其不适宜成为生物学详细研究的对象。它们在野生状态下的繁殖条件也鲜为人知，但在人工饲养的地方，它们很容易繁殖。

未知的数量

土豚很少受到生存威胁，但有时会被大型食肉动物捕杀，人类也会为了食用它们的肉而捕杀它们。在赞比亚和莫桑比克，猎杀土豚的活动依然存在。它们的爪子、牙齿和皮肤被非洲中部一些部落的人用来入药。农业的发展也减少了土豚的生活领地和食物资源。如今，我们还不清楚它们的总数，但是这一数量似乎总是恒定的。

LE COCHON DE TERRE.

大旋角羚、大捻角羚

扭角林羚

Tragelaphus strepsiceros

不够确切的版画

我们很难从版画中这只短腿的动物身上识别出这种来自非洲南部大草原的大型牛科动物。布丰在《自然史》第四卷的《薮羚属》（*Antilope coudou ou coësdoes*）一文的补充部分中也对此表示了歉意。事实上，他是根据在一些珍奇屋里观察到的部分遗骸绘制的这幅版画。他强调说，博物学家路易·阿拉曼德（Louis Allamand）曾画过"一只非常精美的扭角林羚，它比我绘制和雕刻的大得多"。除身形大小外，我们还因版画中动物面部上用随意的笔法画出的色块而无法判定它是扭角林羚，因为在扭角林羚身上，这些面部色块几乎是辨识性的特征。这些不准确的地方说明，18 世纪的画师和雕刻师不像如今一样掌握丰富的图像信息，特别是当他们第一次呈现一种动物时。

角巨大的牛科动物

扭角林羚是非洲热带草原上的羚羊之一：雄性身高 1.22 ~ 1.5 米，重 300 千克左右；雌性身高 1 ~ 1.4 米，重达 215 千克。雄性扭转了三圈的角极具辨识度：它的角长达 1.5 米，甚至更长。其略微泛灰的赭石色皮毛上有 6 ~ 10 条白色的线条，眼下和两颊有白色的色块，但这幅版画没有体现出来。扭角林羚生活在热带草原上长满灌木的区域或长满树的低山中，分为 2 个群落：一个占据着非洲东部和南部大部分地区，另一个则孤立地生活在乍得和中非。扭角林羚意外地适合生活在高低不平的地面上，它们可以在上面轻松而快速地移动，有时还能跳到近 2.5 米高的地方。它们吃草、叶子和水果，如果食物中含有足够的水分或者被露水浸得足够湿润，它们可以几天不喝水。在这种封闭的环境中，雌性只能生活在由 2 ~ 25 个个体组成的小群体中。至于雄性，它们会组成松散的群体，并且只在繁殖季节接近雌性。雌性会在约 8 个月的妊娠期后产下 1 只幼崽，2 周内幼崽会被藏在灌木丛中，直到它能够跟着群体一起行动。

长期遭到捕杀，至今仍在抵抗

扭角林羚的天敌有豹、狮子和鬣狗。如其他动物一样，人类亦是扭角林羚最大的威胁，特别是自非洲殖民化以来。在扭角林羚原本的生活领地上（乍得、埃塞俄比亚、苏丹），它们曾经被西方收藏家大肆捕杀。如今，因为耕地扩张，它们受到失去群落生境的威胁。但是，扭角林羚可以在保护区内寻求庇护，这些保护区对它们而言至关重要。扭角林羚幼崽的存活率高，故它们的总数基本上稳定，现在，在非洲南部，它们的数量可以说相当丰富。

LE CONDOMA *ou* COËSDOES.

臭鼬

条纹臭鼬

Mephitis mephitis

臭鼬科动物的代表

臭鼬有很多奇怪的画像，这幅版画无疑是其中之一。在学者、画家和雕刻师里，似乎没有人见过这种动物，他们可能只见过它的残骸。总之，没有一种生物具有版画中呈现的所有特点。但是，我们还是找出了一种短腿、有着黑白两色毛发、尾巴呈扇形的尖嘴动物。我们认为它是一种臭鼬，是臭鼬科动物的代表。臭鼬科包含生活在美洲的 10 个种类和生活在马来群岛的 2 个种类。它们大部分披着有规则宽度的黑白条纹毛发，另一些则毛发颜色更多变，比如条纹臭鼬。

生活在城郊

臭鼬是美洲最常见的食肉动物之一。它们分布在海拔 4200 米以下的大多数群落生境中，从加拿大南部直到墨西哥北部都有它们的身影。只要能找到藏身处和食物，臭鼬就能够生存。所以，我们几乎在哪儿都能看到它们，从森林到平原再到牧场。此外，它们还特别适应城郊的生活环境。

臭鼬体形很小，身长 20 ~ 45 厘米，尾巴长 15 ~ 45 厘米，体重根据不同的亚种（有 13 个亚种）在 0.6 千克到 5.5 千克之间变化。大部分臭鼬的皮毛以黑色为主色，其间点缀一些白色的条纹，其呈鸡毛掸子状的尾巴也是黑白相间的。它们的爪子强劲有力，有助于它们改造狐狸和獾遗弃的洞穴，或者在一堆木头、石子或瓦砾底下建造藏身处。臭鼬白天都待在洞穴中，4 ~ 6 月雌性臭鼬会在洞里生产。臭鼬活动的领域根据其对食物的需求在 0.5 ~ 12 千米的范围内波动。城郊有很多它们需要的食物，在那里，每平方千米甚至可以生活 38 只臭鼬。

黄金分泌物

臭鼬的天敌很少，当感到危险时，它们会用前肢支撑着，使身体立起来，接着弯起腰，然后把尾巴收到上方，之后从肛门腺喷出一股气化了的、油质的、恶臭的物质。在短距离内，这种物质会灼伤对方的眼睛。化妆品和香水制造业也常常会使用这种分泌物，这就解释了为什么在加拿大一年要捕捉大约 7000 只臭鼬。但是，臭鼬为人类文明付出的更大代价在于，它们是道路交通的受害者。万幸的是，臭鼬的数量呈现出增长的势头，同时因为能帮农民消灭啮齿类动物和昆虫，它们还受到农民的欢迎。

LE CONEPATE .

美洲狮

美洲狮、山狮
Puma concolor

一种处在变化中的种群

布丰是第一个普及"美洲狮"（"cougar"或"couguar"）一词的人，该词源自巴西的一个民族对该动物的称呼，而"puma"这一词语则直接来自南美洲的一种方言。在美洲，美洲狮从南部分布到北部。美洲狮是一种身形和毛色多变的生物，在很长一段时间内，人们根据不同身形和毛色，把它分成了许多亚种。但是，现今科学家只承认其中的 6 个亚种，推翻了 20 世纪 80 年代"35 个亚种"的说法。所以说，美洲狮不是一个物种，而是一个种群。在所有品种中，花色是它们唯一的共同点：学名中，"*concolor*"一词的意思是拥有相同的颜色，这完美地表达了它们的共同点。所以，美洲狮的毛发，无论是黄褐色的还是灰色的，都没有斑点或条纹。

分布广泛

美洲狮是一种在 800 万年前甚至更早之前占据了美洲大陆的猫科动物的后代。在巴拿马地峡闭合之后，它们部分迁徙到了南美洲。这种捕食者几乎征服了所到之处，包括那些高山地区。秘鲁的美洲狮生活在海拔约 5800 米的地方，而另一些则生活在接近海平面的地区，比如巴西。其领地的分散情况，部分是因为它们在一年的大部分时间中都是独自生活的。美洲狮会捕捉种群数量最丰富的那些猎物，但如果需要，也会换成其他猎物。美洲狮的数量很丰富：一只雌性一次可生产 2 ~ 3 只幼崽，如果食物充足，有时还能生更多，而且它们的天敌很少。

人类总是罪魁祸首

美洲狮在哥伦布时代以前的文化中具有重要意义：玛雅人和印第安人把它列入神明的行列，而另一些部落的人则把它刻成了雕像或者画在壁画上。在殖民者征服北美洲的时候，他们把美洲狮看作有害的动物。在被大量猎杀后，美洲狮最终在北美洲东部和中西部的各州消失，之后，它们在各地也都濒临消亡。如今，我们观察到它们的数量在落基山盆地开始慢慢有所回升，而在 1900 年时那里曾生活着 1 万只左右的美洲狮。但是，在法国，人们依然像害怕狼一样地害怕美洲狮。而人类对其最主要的猎物——鹿的捕杀使它们当下的生存依然十分艰难。

COUGAR DE PENSILVANIE.

食蟹负鼠
南美负鼠、黑耳负鼠、普通负鼠
Didelphis marsupialis

它究竟是什么？

版画中的动物不能对应识别某种具体的动物，一眼看去，它像一只啮齿类鼠科动物。但是，布丰真的有观察过它吗？版画中动物的背部有些凹凸不平，这点很值得怀疑，因为它很可能是参照一个未完成的动物标本绘制而成的。布丰的继任者的描述更精确一些，他们提到了圭亚那地区的一种鼠科动物。事实上，这里指的是黑耳负鼠——一种广泛分布于中美洲和南美洲，并被引进到西印度群岛几个岛屿上的物种。黑色的耳朵是它区别于负鼠属其他 3 个代表的特征。这种负鼠是有袋类动物，它的学名 "*Didelphis*"（2 个子宫）通过展示其繁殖方式的特殊性表明了这点。

这种有袋类动物在很久之前就扎根美洲了，它们的祖先在 1.5 亿年前就在那里安家了。澳大利亚的负鼠在 5600 万 ~3400 万年前来到该地，然后利用与世隔绝的环境成功地壮大了自己的种群。但美洲地区的分支则遇到了不同的情况，它们在进入美洲后不得不同哺乳动物竞争，而后者的繁殖方式显然更有效率：前者生出的是未成熟的胎儿，在很长一段时间内幼崽需要在母亲肚子上的口袋中生长；而后者的幼崽一落地就已经发育得很好了。

一种充满活力的有袋类动物

为了弥补先天的脆弱性，黑耳负鼠展现出强大的生命力：雌性一年可以繁殖 3 次，每次能生 5 ~ 9 只幼鼠。但是，黑耳负鼠的寿命不长，在野生状态下一般不超过 2 岁。它们白天待在树上或洞穴里，只在夜间活动。它们是杂食性动物，像布丰给它们取的名字所推测的那样，淡水甲壳类动物是它们饮食清单上的一员；它们也吃水果、树叶、昆虫、蠕虫和小型脊椎动物，比如青蛙和蛇；有时它们也吃腐肉。

为了活命而装死

黑耳负鼠身长约 80 厘米（其中有一半是尾巴），重约 1.5 千克。像所有中小型动物一样，它们是更大型食肉动物如美洲豹、虎猫或角雕的猎物。为了躲避天敌，行动相对迟缓的黑耳负鼠会假装死亡。它们可以保持假死状态长达 6 小时，这让它们躲过了大部分的天敌。总的来说，在森林生物群落中，黑耳负鼠害怕的东西真不多。

在马提尼克岛，黑耳负鼠被称为 "manikou"，在很长一段时间内，人们为了吃它们的肉而猎杀它们，这使它们在 1989 年受到保护之前几近灭绝。黑耳负鼠能很好地适应城市生活，因为城市能给它们提供充足的食物，而且那里也没有它们的天敌。然而，有时黑耳负鼠会危害家禽，因为它们喜欢吃蛋类，以获得可以立即吸收的蛋白质。虽然，在某些地区黑耳负鼠是道路交通的受害者，但是，它们在全球的总体数量仍持续增加。

LE CRABIER.

黇鹿

黄鹿

Dama dama

漂亮的毛色

黇鹿是介于马鹿和西方狍之间的动物，它似乎一生都在致力于保持皮毛的青春美丽。它的皮毛一般呈浅黄褐色，并带有白色斑点。但是，它的毛色还是富有变化的，从浅到发白的颜色直到深褐色。这些颜色是人们捕捉黇鹿后经过几代杂交的结果，这些被捕捉的黇鹿还被人们用作狩猎活动的猎物。

黇鹿起源于小亚细亚和美索不达米亚地区。它们在很长一段时间内被局限在中东地区活动，随后被引入到欧洲的许多国家：它们在 150 年左右被罗马人引入英格兰，在中世纪被引入法国，并在 16 世纪进入德国。我们在欧洲中部发现的黇鹿是那些在扎根定居前，成功躲避了捕捉的黇鹿的后代。

在森林和牧场之间

黇鹿常常被认为不具备马鹿那么强的普适性。这幅版画赋予了它一个温顺的眼神。这种眼神的特殊性说明绘画者简化地呈现了它的眼部区域，我们在版画中看不到眼眶的肌肉细节，更看不到内眦——一种构成鹿科动物眼部特征的腺体。但这幅版画却反映出布丰生活的时代的人们对黇鹿的认知，这种认知延续了文艺复兴时期许多绘画和雕刻作品的审美。版画中唯一能够确认是黇鹿的特征是，其蹼状的角和色彩对比鲜明的皮毛。

黇鹿的皮毛上布有斑点，它们会在自己喜欢的群落生境——光照充足的灌木丛、草原的边缘、开阔的树林中褪毛。雌性一般生活在由一只暮年的雌性领导的小型群体中。雄性则像在许多常见的鹿科动物那样，年轻时和其他同性同伴组成小的"俱乐部"，年老时则独自生活。它们从 3 岁开始长出蹼状的角，该角可重达 7 千克。雄性黇鹿重 50 ~ 90 千克，雌性重 35 ~ 50 千克。黇鹿跑得不是特别快，但它们可以像山羊一样跳到 2 米左右的高度。它们的寿命在野外状态下是 16 岁左右。

一种入侵动物？

如今，黇鹿在引进它们的地区发展得很繁荣。在法国，我们能够在平原地区统计出大约 25 个黇鹿群。其中最大的一群有 1000 多只，它们是 1854 年被引进到阿尔萨斯地区的黇鹿的后代。在法国，野生黇鹿在狩猎活动的图表中占据重要的位置。图表显示，1983 年猎人们捕捉到 179 只黇鹿，而到 2003 年，这一数据增加到了 600 只，不可否认，这是黇鹿正在扩张的迹象。在环绕着法兰西岛的大森林中，黇鹿甚至被认为是有害动物，因为它们会剥去小树的树皮。因缺少天敌（如狼、猞猁），黇鹿有成为入侵物种的趋势。在曾经引进过它们的那些西欧国家（法国、德国、英国），黇鹿几乎都出现了数量上的繁荣增长。与此相反，在最初生活的盆地地区，它们的数量在急剧减少，濒临消失。长期以来被认为是黇鹿的一个亚种的美索不达米亚黇鹿现在仅存在于伊朗东南部。在这里它们受到领地分裂、密集狩猎和快速荒漠化的威胁。

LE DAIN.

南非树蹄兔

树蹄兔
Dendrohyrax arboreus

描述一个物种很冒险

我们不禁要问为什么布丰会把这种动物称为"南非树蹄兔",因为他给我们展现的这幅版画一点也不符合这个物种。事实上,布丰描述的是他在 1776 年还没有见过的南非树蹄兔。他是根据别人的描述写的文章。那时,这种动物被叫做"好望角旱獭"。文章中布丰也用了这个名称并提到了南非树蹄兔,得益于他,"蹄兔"这个名称在法语中开始普及起来。1782 年,通过詹姆斯·布鲁斯(James Bruce),布丰才获得了有关南非树蹄兔的更多信息。布鲁斯是英国博物学家,他向布丰描述并绘制了自己到尼罗河源头旅行时遇到的另一种皮毛稍有不同的动物。布丰由此发现,这两种动物(旱獭和南非树蹄兔)无疑属于同一物种,然而,他却没有修改自己的文章。

蹄兔还是旱獭?

在许多图片中,旱獭和南非树蹄兔似乎被绘制成两种完全不同的动物,但现实中,它们的界限却不甚清晰,在它们共同生活的真实场景中,有时也很难辨识两者。直到 18 世纪末,一切都仍处于模糊中。在整个 19 世纪,通过不懈的努力,博物学家终于了解了蹄兔目动物之间的不同。为了进一步解决问题,人们区分出了生活在岩石区的蹄兔、生活在树上的蹄兔(分布在非洲潮湿多树的地带),以及其他生活在草原上的蹄兔。

版画呈现的是一只头部相对于身体而言偏大的动物,这扭曲了它的总体身形,以及它的运动方式,让它看起来像一只小熊。绘画者是不是依照一只幼年南非树蹄兔绘制了该版画?或者绘画模板是一张被制成了标本的皮?版画中动物深色的皮毛和背部缺少的圆形色斑都让人想到一种被叫做黄斑蹄兔的动物,它是黄斑蹄兔属唯一的种类。这种外形突出了蹄兔科动物在从苏丹到南非的整个东非地区的分布,颜色或大小的变化,以及它们适应环境的方式。

和几百万年前一样

蹄兔科(一共 48 个亚种)的 4 个种类被分在了同一科中,而蹄兔科动物本身单独构成了哺乳动物中一个完整的目——蹄兔目。这是它们的独特属性。最新的基因分析将蹄兔科动物归入了儒艮(一种海洋食草哺乳动物)和大象的亲戚中,尽管这种小型的动物体重只有 1.5 ~ 5.5 千克。

事实上,蹄兔科动物是一个群体的最后代表,该群体出现在 3000 万 ~2500 万年前。目前该群体至少有 11 个属被确认。它们是食草动物,算是那一时期非洲平原上最大的群体之一。后来,它们逐渐被更现代、妊娠期更短、种群更活跃的有蹄类动物取代。现在的蹄兔目动物体形都很小,它们藏身在很难被捉到的地区:干旱的多石头地区、热带草原。为了躲避天敌,它们还适应了在黄昏或夜间活动。它们毛茸茸的皮毛含有许多触毛,用于定位经过的地方。事实上,我们对它们中的某些品种所知甚少。蹄兔科动物很少被人们猎杀,除了在几个被改为农业耕地的地区,它们在全球范围内很少受到生存威胁。它们过着几乎和几百万年前一样的生活!

LE DAMAN DU CAP.

麝鼹
俄罗斯麝鼹、莫斯科麝鼹
Desmana moschata

俄罗斯的鼹鼠

俄罗斯麝鼹是它的生物学属类中唯一的一种动物，但是它的外观并非独一无二：比利牛斯鼬鼹虽然属于鼬鼹属，但它有着更细的尾巴，像是俄罗斯麝鼹的缩小版本。俄罗斯麝鼹和比利牛斯鼬鼹构成了鼹科下的俄罗斯麝鼹族。一直到更新世（公元前 253 万—公元前 11700 年）前，它们都有着比现在大得多的体形。

俄罗斯麝鼹的俗名来自瑞典语词汇"desman"，意思是"有麝香味的"。林奈收到从俄罗斯寄来的该动物的皮后，以其主要特点——气味，对它进行了描述和命名。学名中表示属类的词"*moschata*"是一个拉丁语的叠化使用，它建立在波斯语词汇"mosq"的基础上，意思是"麝香"。俄罗斯麝鼹的活动区域仅限于莫斯科以南和以东的一大片地区，以及西伯利亚西部和哈萨克斯坦的一些小飞地，在布丰生活的时代，这种动物在俄罗斯西部非常普遍。

靠感觉器官追捕猎物

俄罗斯麝鼹在洞穴中过夜，它们会分成由 2~5 个个体组成的小群体，其中只有一只雄性。目前，它们的社会关系还未得到详细研究。像许多食虫动物一样，俄罗斯麝鼹的新陈代谢很快。它们很少出现在缓慢的溪流或池塘附近，但常去湖泊、沼泽和食物丰富的水域活动。它们的食物有昆虫、小型甲壳亚门动物，以及小型两栖动物。它们可以快速潜入深达 1 ~ 2 米的水中捕捉猎物。

俄罗斯麝鼹每天会吃掉重约自身 25% 体重的食物。它们的食物囊括了约 70 种动物和 30 多种植物。它们依靠对震动很敏感的感觉器官来发现猎物。这个器官位于鼻子末端，是双瓣形的。事实上，像大部分鼹科动物一样，俄罗斯麝鼹的视觉退化得很厉害，因而，它们通常看不见自己追逐的猎物。

毁灭性的污染和渔网

像许多水栖哺乳动物一样，俄罗斯麝鼹因其密实、暖和的皮毛而被人类垂涎。它身长 17~20 厘米，重 400 ~ 500 克，尾巴扁平（在水中能提供很大的动力）。如果用它的皮毛来制作一件斗篷，那得需要好几十只。

20 世纪初，俄罗斯麝鼹出现在顿河、伏尔加河、第聂伯河和乌拉尔河流域周边的盆地，此后，它们就变得越来越稀有了。20 世纪 70 年代，苏联有差不多 7 万只俄罗斯麝鼹，2001 年俄罗斯有 27120 只，到了 2013 年仅剩下 13320 只。它们数量减少的主要原因是水污染，这种污染或快或慢地影响到湖泊和池塘（通过径流和排水）以及湿地（通过排水）。偷猎者为了捕获经济价值高的鱼设下了许多网，然后把网留在那里数周或数月，这些网对俄罗斯麝鼹造成的危害更大：差不多每 10 分钟就有一只俄罗斯麝鼹因落入陷阱而被淹死。

1975 年，苏联采取了保护俄罗斯麝鼹的措施。此前，在 20 世纪 50 年代，它们被重新引进到乌克兰。自 2013 年起，它们重新占据了第聂伯河地带。而在 2008 年，它们在比利牛斯山脉的表亲重新出现在伊比利亚半岛北部，总数大概有 17000 只，分布在葡萄牙、西班牙、法国之间的地区。

LE DESMAN.

白臀叶猴

红腿白臀叶猴
Pygathrix nemaeus

由布丰命名的分类单元

布丰是第一个描绘这种灵长类动物的人。但出于习惯，他只给它起了一个俗名。之后，林奈将之命名为 *Simia nemaeus*。直到 1812 年，艾蒂安·若弗鲁瓦·圣伊莱尔（Étienne Geoffroy Saint-Hilaire，1772—1844）才把表明它属类的"白臀叶猴属"（*Pygathrix*）一词加入学名中。与属类中的其他 2 个品种一样，白臀叶猴身形中等：雄性身长可达 1.3 米，其中有一大半是尾巴的长度，平均体重为 11 千克；雌性稍微小一点，但比例相同，重 9 千克左右。

版画中的白臀叶猴，无论是身体比例，还是皮毛的颜色分布，都画得很准确。因此，布丰肯定有一个高质量的标本，这种好的标本在当时是非常罕见的，对于一种只生活在越南北部和中部及老挝森林深处的动物而言就更加难得了。

一种被忽视的灵长类动物

科学家认为，白臀叶猴属的 3 个种类可以相互杂交，所以，有些人认为它们是同一个物种。但研究这些灵长类动物的条件非常艰苦，它们生活在东南亚、中国和旧称为"印度支那半岛"上的原始森林深处，因此我们对它们所知甚少。

白臀叶猴是昼行性动物，它们大部分的时间都生活在常绿森林树木的顶端，有时也会到开阔稀疏的森林或者森林边缘地带活动。它们很少到地面上活动。白臀叶猴的尾巴不像亚洲和非洲的其他灵长类动物一样，拥有极好的抓握能力，它只是在它们从一根树枝移动到另一根树枝时起到保持平衡的作用。虽然如此，白臀叶猴的行动还是非常敏捷。它们生活在由 4 ~ 15 只（有时更多）同类组成的小群体中，以树叶、花和芽为食，有时也食用那些难以消化的植物纤维。它们的消化系统非常适合消化纤维素，它们有多个胃囊，肠内菌群也很丰富，这使它们看起来有点"大腹便便"。版画中动物扁平的肚子表明，布丰只见过做成了标本的皮毛，而非活生生的白臀叶猴。

受到保护，但幸免于难

白臀叶猴是群居动物，这也方便了人类对它们的捕杀。此外它们在行动中非常吵闹，一般由成年白臀叶猴为队伍开路并保护着幼猴。然而，白臀叶猴受到的最大生存威胁是越南战争带来的冲击：大规模的人口迁移、森林砍伐、棕榈树和各种农作物种植……白臀叶猴的生活环境十分脆弱，即使在国家公园的保护区域中，它们的数量也很少。我们观察到，它们的群体规模在慢慢缩小——这样能尽量保持低调，躲避人类的捕杀。然而，在老挝，还有不少白臀叶猴，在某些地区它们甚至被认为很常见。白臀叶猴受到了最大程度的国际保护，此外，人们还实施了基于人工繁殖的重新引进计划。

LE DOUC.

单峰骆驼

单峰骆驼

Camelus dromedarius

一个驼峰还是两个?

区分单峰骆驼和双峰骆驼是我们幼儿时期必须学习的内容,这构成了我们生物分类基础知识的一部分。但是,两者属于同一个属,彼此非常相似。布丰认为它们可以相互杂交。这是有可能的,但是需要在人工帮助下才能完成,因为在野生状态下,两者的生活区域离得非常远。在杂交的情况下,单峰骆驼的胚胎发育出了 2 个驼峰。

骆驼的祖先出现在大约 4500 万年前,它们那时生活的地区即现在的北美洲。后来,在距今 300 万~200 万年前,其中的一个分支进入了亚洲,而另一个分支则占据了南美洲,并进化成大羊驼、小羊驼、原驼和羊驼。后来,因为地貌和气候的变化,它们又从亚洲迁徙到了非洲。而单峰骆驼是其同科动物中最后进化的,这大约发生在 70 万年前。如今,所有的骆驼科动物都能在艰苦的环境中生存,而单峰骆驼最能适应干旱的群落生境。

沙漠动物

虽然单峰骆驼能适应极端的气候条件,但它们的体形对于沙漠生活而言仍然是一种挑战:体形越大,表皮和周围环境及空气的交流就越多,通过排汗流失的水分可以说明这一点。单峰骆驼重 400 ~ 1100 千克,身高通常在 2 米以下。其蹄子上有可以变形的纤维和脂肪垫,以及能够活动的蹄趾,这让它们可以在很多类型的地上行走,包括沙地、石地和不平整的泥地。单峰骆驼最令人印象深刻的特点是其管理体内水分的能力。事实上,它们可以 2 周多不喝水,因为它们可以利用驼峰中储存的脂肪和空气中的氧气来制造水!它们的体温在夜间会降低,这使得它们可以通过减少排汗节约能量和水分。它们还会减少排尿,让水分继续在体内循环。这种食草动物的消化过程很长,它们的消化性能比反刍类动物的更好,这让它们可以最大限度地吸收食物中的营养物质。

难得的助手

如果没有单峰骆驼,人类可能永远无法征服沙漠。撒哈拉地区的人们在工业文明之前几乎完全依赖它们生活。它们是交通工具、搬运工具,是食物,也提供皮革……它们的用途非常广泛。在中东,大约距今 3000 ~ 2000 年前,人们驯化了它们。如今,单峰骆驼有 40 多个不同的品种。

大多数的单峰骆驼群集中在东非、索马里、苏丹和埃塞俄比亚地区。19 世纪上半叶,作为驮物的工具,单峰骆驼被引入北美洲、南美洲,甚至法国。它们在澳大利亚获得了前所未有的发展:19 世纪末,人们在迁徙时需要工具搬运重物,因此引进了单峰骆驼,然后这一物种从最初的 10000 多只增长到如今的 100 万只。

LE DROMADAIRE.

松鼠
欧亚红松鼠
Sciurus vulgaris

一种熟悉的啮齿类动物

　　这幅版画很好地描绘了这种为人们熟知的树栖啮齿类动物，尤其是它很好地还原了动物的耳羽和眼神。其头部和四肢同身体的比例甚至能让我们看出它是一只刚成年的欧亚红松鼠。版画应该是根据一只刚刚死掉的红松鼠绘制而成的。自古以来，欧亚红松鼠就受到人们友好的关注。它的属类名称——松鼠属（*Sciurus*）衍生自希腊语"skiouros"，意思是"用尾巴藏身的动物"。布丰重述了它的这一行为特征，他指出，这种小动物会利用尾巴制造阴影以隐藏自己。更笼统地说，欧亚红松鼠属于松鼠科，这一科在全球包括 278 个物种，其中大多数是树栖的，还有大约 12% 在地面上生活。

不能太冷，也不能太热

　　欧亚红松鼠并不总是红色的，根据不同的分布地区，从欧洲到日本都有它们的踪影，它们会呈现多种不同的颜色，个体间的毛色也有所差别。在法国，分布在平原上的欧亚红松鼠大部分是红色的，而生活在东部边界山脉中的毛色明显更暗些。欧亚红松鼠生活在温带气候的树林中，它们不喜欢高于 25℃ 的气温。从海平面一直到海拔 2000 米的地方，我们都有可能看见欧亚红松鼠。它们偏爱针叶林，同样也喜欢混交林。在这些树林中，它们主要以种子为食，它们用退化了的、基本不起作用的大趾前爪快速、敏捷地剥掉种子壳。在繁殖季节，当需要更多的蛋白质来养育后代时，它们有时还会吃蘑菇、昆虫、麻雀蛋、小鸡等。欧亚红松鼠的居所是固定的，它们用牙齿撕出长条形的树皮，然后用树皮搭建窝。在天气恶劣的季节里，它们会一直待在窝里，虽然这期间反应会变得迟钝，但它们不会冬眠。在这期间，一些欧亚红松鼠似乎还有跑动的能力，这主要是受食物短缺或气候寒冷等因素的驱使。像森林中的其他居民一样，欧亚红松鼠会储藏干燥的种子过冬。它们的这个习惯有助于森林的再生，因为它们常常会遗忘一些自己藏起来的种子，任其在来年春天生根发芽。

与其他物种竞争

　　在法国，欧亚红松鼠很常见，它们在森林中无所畏惧，除了一些天敌，如松貂、苍鹰，偶尔还有赤狐。然而，在滨海阿尔卑斯省的沿海地带，它们却因为赤腹松鼠的种群扩张而受到威胁，后者在 20 世纪 70 年代作为宠物被引进到昂蒂布角地区。在其他有欧亚红松鼠分布的城市地区，它们的居住地变得越来越破碎化，城市扩张使它们生存所需的大树数目锐减，此外，某些特定品种树木的集约化发展也威胁着它们的生存。在城郊地区，灰松鼠的引进也非常值得关注，因为这种来自北美洲的物种在英格兰的一些地区曾经是欧亚红松鼠消失的原因之一。

L'ECUREUIL.

瑞士松鼠

西伯利亚花鼠、韩国花鼠、日本花鼠
Tamias sibiricus

一个有趣的名字

在《自然史》中，布丰完美地描述了这种小动物，正确地将其归于本质上的陆生动物。1822 年，布丰的继任者确定了它沿用至今的学名。修饰语"瑞士"（suisse）在魁北克地区仍在使用，它让人们联想到花鼠身上的白色条纹和梵蒂冈瑞士卫队的制服之间的相似性。然而，布丰的收藏品的保管人道本顿指出，国王藏品室中收集的花鼠实际上来自俄罗斯。布丰也描述到，在被称作花鼠的动物中，西伯利亚花鼠（而非北美花鼠）同版画中的动物很相似。这种花鼠是其属类中唯一生活在欧亚大陆上的品种，它很可能是冰川时期从北美洲来到这里的。西伯利亚花鼠体形很小（身长 24 ~ 27 厘米，其中尾巴长 11 ~ 13 厘米，重 70 ~ 120 千克），明显比欧亚红松鼠小得多，但它像自己树栖的表亲一样，可以用有条纹花色的长尾巴来保持身体平衡。

一种在陆地上生活的松鼠

西伯利亚花鼠基本上是在陆地上生活的，就像花鼠属其他 24 个种类一样。它的 9 个亚种分布于从白海到鄂霍次克海、中国中部、朝鲜和北海道岛等地区。它们居住在落叶林或松树林中，有时也会生活在混交林中。它们会在林中修建深达 1.5 米、长达 1~2 米的洞用来休息、生产和储存食物。像其他松鼠一样，它们会用颊囊搬运食物，它们的颊囊甚至可以膨胀到装下自身身体那么大体积的食物。作为北方地区的"主人"，它们的冬眠时间长达 6 个月，这期间它们只会偶尔醒来看看自己的食品仓库，雄性比雌性提前 3 周左右苏醒。西伯利亚花鼠大体上是独居的，它们在离自己洞穴很近的区域活动，范围不超过几千平方米。出于再利用居所的需求，西伯利亚花鼠会定期更换洞穴。

没有限制的扩张？

在法国，西伯利亚花鼠经常被叫做韩国花鼠，它们常常被放在宠物店中售卖。它们生性活泼、毛色鲜艳、身形娇小，还很安静，具备了充当宠物的一些品质。然而，作为宠物的西伯利亚花鼠却不知不觉地进入了自然当中，从 20 世纪 60 年代初以来，它们开始驻扎在欧洲人口聚集地周边的森林中。在布鲁塞尔和法兰西岛地区进行的研究得出的结论是，年轻的西伯利亚花鼠们分散开来，在相隔 200~250 米的土地上定居，并最终连接了一大片土地。在这些新的领地上，西伯利亚花鼠的密集程度能达到每公顷 10 只，而正常的情况是每公顷 2 ~ 4 只。2017 年，西伯利亚花鼠在法兰西岛的数量达到 1 万多只，但是它们的这种扩张似乎还没结束，因为这种动物唯一的天敌是家猫。

L'ECUREUIL SUISSE.

大象

亚洲象、印度象

Elephas maximus

与人类相近的一种动物

布丰写道："大象在智力上最接近人类。"他是在该动物被驯服时就知道了它的能力吗？布丰曾亲眼见过让他得出这一结论的大象的某些行为吗？

事实上，这幅版画呈现了一头有着小耳朵，额头上有2个像驼峰似的突起，鼻子上长着具有抓握能力的"手指"的亚洲象，这表明了自古罗马时代以来，亚洲象一直是人类历史的一部分。其他关于亚洲象的版画显示，只有雄性亚洲象才有獠牙，雌性则没有，这与非洲象有所区别。

猛犸象的一个表亲

亚洲象保留了其已灭绝的表亲——猛犸象的一些特征，特别是它的颅骨形态：额头上有2个明显的突起，背部线条略微向后倾斜，臼齿上有多个用来咬碎植物的、平行且细小的、直线形的棘突。虽然亚洲象比非洲的2种象体形略小一些，但我们也很难想象它们5000万年前的共同祖先只有家猪那么大。在猛犸象退守到北方的苔原地区之前，这些长鼻目动物就在温暖的气候中进化了。那些离我们当下更近的侏儒象出现在250万年前的更新世，并进化出多个品种，它们几乎占据了整个地中海的岛屿，除了科西嘉岛。在11000年前还存在着塞浦路斯侏儒象，同克里特岛的侏儒象一样，它们体重几乎不超过200千克，身高在1米左右。至于亚洲象，它们生活在潮湿的热带森林中，以草、树叶、水果和植物的根为食，有时也吃充满汁液的软木。体形如此巨大的动物（雄性高约3.5米，重约5吨；雌性高约2.5米，重约3.5吨）显然需要一些时间来行动，当然也包括繁殖：雌性亚洲象每三四年才生产1次。

无效的保护措施？

人类和亚洲象之间的关系历史悠久：我们在印度找到了它们在3500年前生活的痕迹。在欧洲，我们相对比较了解的是不太温顺的非洲象。后来，大象很快就成了动物园中的一员，其中最著名的无疑是802年被献给查理曼大帝的白象。在离布丰很近的时代，凡尔赛皇家动物园于1772年收到过1头亚洲象。

亚洲象在整个亚洲曾经一度非常常见，但现在它们的数量却大大减少了，仅剩分散于13个国家的5万多头。它们中很大一部分已被人类驯化，用来运输货物，因为只有大象才能到达森林中的某些地方。亚洲象显然濒临灭绝：尽管从1979年起该物种在国际上受到了严格的保护，但许多过于孤立的种群还是消失了。

L'ELEPHANT.

（小）蹄鼻蝠

小蹄鼻蝠
Rhinolophus hipposideros

声波定位仪的发明者

菊头蝠科下的菊头蝠属中有77个物种，它们大多分布在北半球。在它们的学名和俗名中都有关于马的元素。像其他微型蝙蝠一样，菊头蝠科蝙蝠通过一种回声定位系统来辨别方向，受它们的启发，人类发明了声波定位仪。在菊头蝠科蝙蝠的身上，一个裸露的皮肤器官——鼻页会发射超声波，而鼻页整体的形状让人联想到马蹄铁的圆环形轮廓。对于博物学家来说，这个外形特征就足以用来概括整个群体了，布丰也抓住了这个特征。然而，直到1880年，才出现了由英国人乔治·蒙塔古（George Montagu）完成的对菊头蝠科的正式描述。

颠倒的世界

这种身形娇小的蝙蝠（不包括尾巴，身长37~44毫米）的体重比一封信还轻，为8~18克。它无疑是蝙蝠最广为流传的形象的起源，是少数在冬眠或白天睡觉时用后肢倒挂着身体的物种之一。事实上，其他大部分的蝙蝠会卡在岩缝中或者平躺着休息。

小蹄鼻蝠用丝滑的、颜色暗到几乎发黑的翅膀包裹着自己，这让它们看起来像悬挂在石洞顶上、地窖里或阁楼中的一小串葡萄。有时候我们也会在地窖或阁楼里遇到它们——单独一只或者松松散散的一小群。当有人接近时，它们就会发出嗡嗡声，之后会用四肢把身体使劲撑起来，这是它们紧张的标志。再靠近一点时，它们就会飞起来，然后停在远一点的地方，用翅膀把自己罩起来。

喜欢"宅"着的动物

从亚洲中部到爱尔兰，小蹄鼻蝠的分布很普遍，它们尤其偏爱温带和地中海气候地区。在5个欧洲菊头蝠属的物种中，最北方的一种在欧洲北部所剩无几了。根据2009年的估测，法国有3万余只，德国有2000只，比利时有200只。

小蹄鼻蝠一点都不好动。日常捕食时，只要洞穴周围有足够多它们喜欢吃的苍蝇，它们会局限在洞穴周围活动，半径约为1.5千米。这种定居性的动物，移动距离的纪录是282千米，而大多数小蹄鼻蝠一生（平均寿命是7岁，最多可达到21岁）的移动距离都不会超过几千米。小蹄鼻蝠很留恋自己冬眠的场所。据了解，它们每年都会回到同一个洞穴中的同一块凹凸不平的岩壁上冬眠。

黄昏时，确认洞穴入口的光照减少了之后，小蹄鼻蝠就动身了。它们大概在日落后的30分钟出发，在快日出时回到洞中。它们用每小时近30千米的飞行速度捕捉小型的苍蝇和蛾子，有时还捕捉挂在网上的蜘蛛。它们通常分捕捉阶段和休息阶段，并交替进行。

LE PETIT FER-A-CHEVAL.

马岛灵猫
马尔加什灵猫
Fossa fossana

马达加斯加特有的物种

这种小型食肉动物是它属类中的唯一代表，它是马达加斯加特有的物种。1761年，布丰获得了一块动物皮，并准确地将其制成了标本。这块干皮是博物学家皮埃尔·波微（Pierre Poivre）去菲律宾、东帝汶和马达加斯加旅行时带回欧洲的。版画把它画得很完美，以至于让我们觉得画师是以活的马岛灵猫作为模特的!

偏爱潮湿的森林

马岛灵猫长得与小斑獴相似，它是继马岛长尾狸猫之后马达加斯加最大的食肉动物。它在其他7个非常相近的食肉物种中占据着狭窄的生态位。它们中的每一个物种都有自己独特的饮食习惯，这迫使它们在表亲的狩猎地点之外的特定区域内寻找食物。马岛灵猫的体形和石貂差不多：身长40～47厘米，尾巴长21～26厘米，重1.3～1.9千克。马岛灵猫有陆生动物的习性，它们占据了马达加斯加北部和东部地区，生活在最高海拔为1300米的地方。虽然我们有时能在干旱的地方见到马岛灵猫，但是它们还是比较喜欢大的原始雨林，尤其偏爱沿河地带。它们会在那里寻找昆虫，主要有蟑螂、蠕虫，还有一些体重在10克以下的、瘦小的脊椎动物。虽然体形不大，但是它们有能力攻击蛇（最重360克）、壁虎和蜥蜴（最重120克）。春季，在它们的繁殖期，鸟蛋和一些小型水生生物也会被列入饮食清单中。冬季，马岛灵猫会在尾巴中储存脂肪，此时尾巴的重量会增加25%。马岛灵猫是严格的夜行动物，主要靠听觉捕猎。其发达的内耳和可以灵活活动的耳朵使它们拥有敏锐的听觉。白天时，它们会在树洞中、大树根或石头底下休息。虽然人们观察到有长期配对在一起的马岛灵猫，但是它们通常只在繁殖期时才短暂地打破自己的独居生活。

一些有威胁的竞争物种

在马达加斯加，人们为了满足生活需求，例如生产家用木炭，大量采伐树木，造成森林面积锐减，致使马岛灵猫的群落生境碎片化。一些重新回到野外生活的猫和狗，在没能成为马岛灵猫的捕食者前，也会成为它们有力的竞争者。近期引进的小灵猫，比马岛灵猫更具备适应群落生境变化的能力，它们侵占了马岛灵猫的生存空间，威胁着马岛灵猫的生存。在偶然或有意地引进外来物种的一些地方，尤其是在岛屿上，我们都见证了本土物种的消失，马岛灵猫也会遭遇这种情况吗?

LA FOSSANE.

食蚁兽
侏食蚁兽
Cyclopes didactylus

在美洲的大森林中

这是美洲大森林中食蚁动物家族的一员，侏食蚁兽是 3 个成员中体形最小的一种。另外 2 种是身形巨大、生活在陆地上的大食蚁兽，以及身形中等、栖息在树上的小食蚁兽。布丰提到过它们，但他也只是从其他博物学家的研究中了解了一点而已。

侏食蚁兽的拉丁学名很好地呈现了它的特征：眼睛被浓密的毛发包围着，这让它在很强的光线下眯起眼睛时看起来很像独眼巨人。形容词"didactylus"很有说服力：它的前肢只有两趾，其中一个特别大，末端连接着一个巨大的爪子。侏食蚁兽让人联想到希腊神话中的"蚁人"（peuple-fourmi），"蚁人"很好地反映出这种哺乳动物和蚂蚁之间的关系。

隐蔽快乐地生活

侏食蚁兽这种夜行、树栖动物不大为人所知。事实上，其微小的身形（身长约 45 厘米，其中一半是尾巴的长度，重 175 ~ 400 克）给研究它们的工作带来很大难度。它们藏身在原始森林的树冠中，几乎从不到地面上活动。我们能在美洲中部和南部（主要是亚马孙流域）以及安第斯山脉东侧看见它们，此外还有巴西沿海的一小块区域。这种地理上的差异让科学家很吃惊，现在的基因研究认为不止有一种侏食蚁兽，而是 7 种。它们浓密、卷曲的金褐色毛发有时会有条纹。它们的皮毛非常柔软，这与它们的英文名——"柔软的食蚁兽"（fourmilier soyeux）很相称。它们在树上移动得非常慢。其有抓握力的尾巴可以帮助它们从一根树枝移动到另一根树枝，以寻找最喜欢的食物——蚂蚁。它们一个晚上可以吃掉约 5000 只蚂蚁。它们的饮食清单上还有白蚁、甲虫和其他聚生的昆虫。奇怪的是，它们似乎消化不了甲壳质——昆虫的外骨骼。它们的粪便中有其猎物的所有坚硬部分，这说明侏食蚁兽没有专门用来消化这种物质的肠道细菌。白天时，侏食蚁兽会躲在一个树洞中，卷成球状休息。

只要有蚂蚁……

侏食蚁兽喜欢独居和在夜间行动，这种生活模式无法给我们提供更多关于其种群状况的信息。在得以研究它们的那些地区，我们认为大约每 1.5 公顷生活着 2 个个体，这说明它们在一定程度上很繁荣。虽然有很大一部分大森林被砍伐了，但是侏食蚁兽的数量却意外地没有因此减少，它们总能找到食物、养育幼崽、隐藏自己。

LE FOURMILIER.

帕桑瞪羚

南非剑羚、南非大羚羊
Oryx gazella

奇怪的南非剑羚

多么奇怪的版画！它让南非剑羚在一身对其而言太过巨大的皮毛下显得笨手笨脚。上色师显然对某些地方也有些犹豫。这幅版画很可能是根据一个品质不太好的标本绘制的，它与现实中这种非常漂亮的非洲动物相去甚远。实际上，南非剑羚的角又直又结实，这是它属类名称"*Oryx*"的由来，该词的意思是"为刺穿而生的东西"。而"羚羊"（*gazelle*）一词则由阿拉伯语而来，通过拉丁语最终进入到法语中。

一年不喝水

剑羚属动物是一种已经进化到可以整年生活在非洲沙漠的偶蹄目动物。它们中有 3 个物种占据了沙漠地区和干旱地区，分别是非洲大陆北部的弯角剑羚、东部的直角剑羚和南部的南非剑羚。另一个物种——阿拉伯大羚羊，曾经征服了阿拉伯半岛，但在 1972 年，它们在野外消失了。人们尝试了一些重新引进措施，但是受到了当地打猎传统的阻碍。至于南非剑羚，它们生活在所谓的"南方的"非洲，也就是纳米比亚、安哥拉、津巴布韦、博茨瓦纳和南非。这种有蹄类动物的身形很大：身高 1.17 ~ 1.38 米，重 180 ~ 240 千克，笔直的角长 60 ~ 120 厘米。其身躯浅灰褐色的毛发与臀部、尾巴和四肢上的黑色毛发形成鲜明对比，腹部也有一条很长的黑色连接色块。这种体色很适合生活在沙漠或者长满刺槐的热带草原中：那些深色的部分把它们的体色分割了，使得南非剑羚很难被发现。

南非剑羚一般组成小的群体生活，通常为 4 ~ 12 只，有时也达到 40 只，而大型的集群，能有 400 只左右。它们遵循短期或长期牧场的生长周期，也可以在很长一段时间内生活在同一个地方，之后开始"游牧生活"，过一段时间后再返回出发地。雄性南非剑羚偏向于在同一个地方生活。南非剑羚以草、低矮灌木的叶子为食，它们会反刍。其缓慢的新陈代谢使它们可以在一年内不喝水，只依靠食用一些瓜果、块茎和球茎补充水分。其另外的特点是：与某些通过排汗疏散热量的动物不同，它们会在白天累积热量，然后在夜间利用和释放。

在被保护、灭绝和被垂涎之间

南非的荷兰裔殖民者把南非剑羚称作"南非大羚羊"。他们的农业活动、工业活动，还有狩猎行为差一点使南非剑羚灭绝。近 20 年来，人们试着重新引进它们。在安哥拉，在国家处于战争的时期，南非剑羚几乎消失了。至于纳米比亚的南非剑羚，它们在保护区中的数量得到有效的增长。这一扩张助长了"farming"的发展，这是一个在私人领地进行狩猎活动的组织。因此，在纳米比亚，南非剑羚成了一项收入来源。但是，其数量的快速增长也引起了一些不便，比如它们在某些地区的数量相对过剩。

LA GAZELLE - PASAN.

泽兰瞪羚
蓝马羚
Hippotragus leucophaeus

羚羊还是山羊？

蓝马羚又被称作"马羚"。事实上，它的长嘴、耳朵、总体外观以及它那由有力的肩部支撑的、略微隆起的前半身很容易让人联想到马。然而，布丰版画中的动物不是很雄壮，它看起来很扁平，甚至有些迟钝。布丰把它叫做"tzeïran"，这有点令人困惑，因为当时欧洲的许多博物学家把生活在亚洲或土耳其的一些长着弧形角或者竖琴形角的羚羊也称作"tzeïran"。不管它是什么，1766 年，布丰和博物学家路易·阿拉曼德（Louis Allamand）对其进行了描述。它们分布在远离亚洲的非洲，1845 年确立的系统分类学把它和生活在非洲西部和中部的黑马羚以及生活在非洲西部的红马羚分到了弯角羚属，并将其命名为蓝马羚。

很短的历史

18 世纪上半叶，蓝马羚在好望角，更确切地说在斯韦伦丹地区被认为是很常见的动物。但是为什么叫它蓝马羚呢？版画只反映了它短短的、浅灰褐色皮毛的光泽。而当时的一些博物学家却毫不犹豫地说它是天蓝色的。蓝马羚的头部和鬃毛是偏褐色的，上面有一些浅色的条纹，但对比不强烈，其身体的下半部分（腹部和四肢上方的内侧）略微呈白色。

蓝马羚的消失解释了人们对它们的描述不够精确的原因：它们是在非洲殖民运动中首当其冲的大型羚羊。荷兰殖民者只花了 30 年就让它们灭绝了，1799 年，最后一只蓝马羚被制成了标本。

一个消失物种的最后见证者

如今，法国国家自然历史博物馆中有一个蓝马羚的标本，其制作于法国大革命之前。布丰很可能见过这个标本。它被多次修复，如今依然保持着良好的状态。其实，全球只有 5 个蓝马羚标本，而且都存放在位于欧洲的博物馆中。现在我们只能通过这些为数不多的标本来了解这种动物。但这些标本都因为早期博物馆保存展品的技术不成熟而被长期暴露在阳光下，最终失去了原有的魅力，也失去了蓝马羚活着的时候最重要的特点——皮毛上发蓝的光泽。

LA GAZELLE TZEÏRAN.

法国斑獭、欧洲斑獭
小斑獭
Genetta genetta

布丰的非理性信念？

布丰在为这幅版画起名时，把这种动物当作了特别的、甚至是法国的特有种。事实上，小斑獭不仅分布在马格里布地区和撒哈拉以南的 3 个地区（非洲中西部、东部和南部），还分布在西班牙、葡萄牙、地中海西部岛屿以及法国南部。小斑獭分布广泛，故有必要界定不同的亚种，据统计，这一物种有 12 个亚种。小斑獭在欧洲的出现也许与阿拉伯人有关，他们可能是在 8 世纪征服西班牙的时候把它带到了那里。在北非，这种小动物因善于捕捉小型啮齿类动物而闻名。一直到 12 世纪，小斑獭在法国的西南部都被视作家猫。于布丰而言，他在小斑獭被引入法国的 500 年后描绘了它，完全有理由把它当作是"被本土化了的"动物。但是，我们真的可以把它当作是"法国的"吗？

充满活力的食肉动物

獭属动物属于灵猫科，该科在亚洲和非洲有 33 个物种（如麝猫、林狸、熊狸）。獭属动物全部来自非洲，种类不少于 14 个。这些种类的外形非常相像：它们都有着修长的猫科动物外形，多毛的环节状长尾巴，布满深色斑点的、灰色或浅褐色的皮毛，耳朵微微卷起，立在长椭圆形的脑袋上，以至于需要通过分子遗传学技术来区分它们。小斑獭具有符合这一属类的所有特性，身长 90 ~ 110 厘米（其中有一半是尾巴的长度），重 2 千克左右。它们习惯在夜间活动，比它们那些保持着树栖生活的非洲表亲表现出更多适宜在陆地上生活的习性。它们食用能抓到的所有生物，小鸟和昆虫也不例外，但它们更喜欢吃小林姬鼠。像其他灵猫科动物一样，它们也吃水果。它们不常造访人类的生活区，但有时人们会在鸡舍里遇见它们。

广泛的扩张

在法国，小斑獭起初占据了气候温和的地区，生活范围一直延伸到卢瓦尔河南部的大西洋沿岸。它们能捕捉老鼠，保护农作物，因此被带到了别的地区。但是，回归野生状态的小斑獭最终自然而然地回到了气候更温暖的地区。小斑獭因其独特花色的皮毛而被人们猎杀，后来，随着相关保护措施的实施，它们得以跨过那些大河去生活。如今，它们的分布范围正在扩大：除了高海拔的地方，几乎到处都能看到它们。

大跳鼠、好望角野兔

跳兔、南非跳兔

Pedetes capensis

被弄错了分类的动物

布丰用 2 个完全不相关的词语命名了这种动物：一是"跳鼠"，跳鼠是跳鼠科啮齿类动物，生活在非洲的沙漠中，亚洲也有很多；二是"野兔"，野兔是兔形目动物。那么，这个物种究竟是什么？它那长而肌肉发达的后肢让人自然联想到野兔。但它与鼠类相似的脑袋、直立的耳朵、大大的眼睛，却让人联想到非洲跳鼠。然而，又该如何解释它那和跳鼠、野兔都不相似的毛发浓密的尾巴呢？显然，布丰觉得有必要用一个修饰语——"跳跃的"和一个能表明它分布地带的词——"好望角的"来展现此动物的独特。事实上，跳兔属于跳兔科，这个科属中还有另一个于 1997 年在东非发现的物种——东非跳兔。

害怕炎热

跳兔是一种身形适中的啮齿类动物：身长 35 ~ 43 厘米，尾巴长 34 ~ 49 厘米，重 3 ~ 4 千克。为了与周围的自然环境融为一体，其皮毛颜色会有所差异：背部为灰黄色至红色不等，腹部为白色至浅米色不等。它们尾巴的一半是黑色的，有时候耳尖也是黑色的。跳兔生活在沙漠中，但它们受不了高于 30℃ 的气温，所以只在夜间活动。白天，它们待在洞穴里。它们的洞穴很深，有时可以延伸到 50 米长。跳兔用前腿挖洞，但更常用它们推开沙子。

每当夜幕降临时，这种独居动物就会出动，去寻找可以储藏的食物——新长出的草、根茎和浆果。虽然昆虫也会出现在它们的饮食清单中，但这种情况不多。在觅食过程中，跳兔几乎不会远离自己的洞穴（最多 400 米）。像袋鼠一样，跳兔的移动方式是跳跃。此时身体的重量会压在后腿的 2 根中趾上，其他侧趾则不参与运动。它们可以跳到 4 米高。

雌性跳兔一年可以生育 3 胎，每胎通常生产 1 只幼崽，极少数的情况下会一次生产 2 只。幼崽只有长到成年体形一半大小时才会离开洞穴活动。

过安静的小日子

如今，跳兔仍会因为其珍贵的肉而遭到沙漠地区人们的捕杀。1975 年的狩猎图表显示，在博茨瓦纳，被猎杀的跳兔数量达到 250 万只。非洲南部一些部落的人们会用跳兔的皮制作生活用品，如苍蝇拍、水壶和食品袋等。随着农业的发展，跳兔的数量也多了起来，但它们也会对农作物带来一定危害。在博茨瓦纳，它们使玉米、高粱及其他农作物的收成减少了 10% ~ 15%。跳兔只在局部地区数量繁多，而在那些食物匮乏的地方，它们生活起来很辛苦。

GRANDE GERBOISE ON LIEVRE SAUTEUR DU CAP.

长臂猿

长臂猿、白掌长臂猿
Hylobates lar

五颜六色

白掌长臂猿的独特之处是它白色的手脚，连脸上也或多或少有一些白色的色块。然而，不同的白掌长臂猿身上的毛色有所不同，从深黑色到浅棕色都有。雌性和雄性白掌长臂猿的毛色没有显著差异，两者的身形也几乎一样。除了上肢比例有点失衡外，版画完美地呈现了白掌长臂猿，这可能与画师见过动物的皮毛有关。

布丰在他的书中塑造了一种在欧洲不为人熟知的灵长类动物。"长臂猿"（gibbon）一词本身是较晚一些的时候，与本地治里市（位于印度）的总督杜布雷（Dupleix，任期1742—1754）寄到法国的第一批动物标本一起进入欧洲的。

白掌长臂猿分布在泰国、马来西亚、缅甸、中国南部、印度尼西亚、老挝以及苏门答腊岛。它有5个亚种，其中有一种原本生活在中国云南，如今可能已经灭绝了。

森林，只有森林

长臂猿进化出了17个物种，它们都能适应广袤的热带雨林。白掌长臂猿是其中身形较大的一种，身长约90厘米，重8～11千克。它们多在原始森林或次生常绿林中生活，有时也会出现在有竹子的混交林中，它们适合生活在海平面至海拔1200米的地区。它们的手和脚都有5个指头，其中拇指（趾）与其他指头对置，它们有指甲，但没有爪子，这是白掌长臂猿与人类相似的一个特点。此外，在动物分类系统中，它们被分了猿科。这些解剖学特征影响了它们的运动方式：它们是腕足类动物，也就是说它们只靠手臂力量移动，从一根树枝或藤蔓荡到另一根上。白掌长臂猿每天有1/4的时间挂在树上，剩下的时间用来觅食。它们以无花果以及其他多种水果、树叶、昆虫和花为食。它们以家庭为单位生活，实行一夫一妻制。白掌长臂猿会陪伴在尚未成年孩子的身边。它们的繁殖速度很慢：雌性到11岁之后才达到性成熟，在经历约6个月的妊娠期之后，会产下1只幼崽，而幼崽在8岁左右才能独立。

极度濒危的物种

因为森林砍伐、旅游业（甚至是生态游）的发展、狩猎活动以及其自身繁殖缓慢的原因，白掌长臂猿受到了生存威胁。数量最多的一群白掌长臂猿生活在泰国的一个国家公园中，有3000～4000只。据1992年的一项研究统计，中国境内只有10只。

LE GRAND GIBBON.

长颈鹿

长颈鹿

Giraffa camelopardalis

豹子和骆驼的后代

每个人的脑海中都有一只长颈鹿的形象。但是,其实法语中"长颈鹿"（girafe）一词是由阿拉伯语词汇"zarāfa"演变而来的。学名中"*camelopardalis*"一词由希腊语演变而来,因为在古代,人们认为长颈鹿是骆驼（camelos,意为"长脖子"）和豹子（pardus,意为"有斑点的"）杂交的结果。

从古罗马时期以来,长颈鹿在欧洲就为人们所知,博物学家皮埃尔·贝隆（Pierre Belon）在1553年还描述过它,然而绘制这幅版画的人对它却没有一个清晰的认识。画中长颈鹿的身高被过分强调。事实上,雄性长颈鹿的额角是半球形的,雌性的则更短一些,还长有一小撮毛。自1771年人们对长颈鹿进行描述以来,它就一直被当作单一的物种,而如今,我们却在争论它的9个亚种是属于1个物种还是4个物种。

1827年,长颈鹿第一次被带到法国,人们在一次长途旅行时将它从马赛徒步带回了巴黎。它的到来引起了人们的追捧,在时尚界,甚至在餐具上都能看到它的身影。那时,它还被人们叫做"zarāfa",它一直生活在植物园中直到老死。此后,它被制成标本,先是在巴黎展出,1931年后,则被送到拉罗谢尔的自然历史博物馆,并保存至今。

脖子很长

长颈鹿在形态上自成一派:它们的大小和外观是偶蹄目动物中独一无二的。它们的性别二态性很明显:雄性从脚到头顶的高度可达5.8米,体重可达2吨;雌性平均为4.3米,1.1吨。和大部分哺乳动物一样,长颈鹿的脖子只有7节颈椎。脖子的延长对长颈鹿没有太大影响:这种进化包含着许多解剖学上的独特性（动脉瓣、发达的毛细血管网、强有力的心脏）,解决了长颈鹿血液循环的问题。

然而,长颈鹿的脖子为什么这么长呢?在上新世,它们的祖先为了获取更多的食物而另辟蹊径,避开了和其他食草、食叶动物的争夺,开始吃树冠上营养丰富、富含矿物质的叶子。如果长脖子不够用,它们还能用长达50厘米的舌头有效地卷住树枝以便获取食物。那它们怎么喝水呢?这个问题基本上不存在,因为长颈鹿一两天才喝一次水。

长颈鹿的命运

7000年前,当撒哈拉还是一片湿润绿洲的时候,非洲北部到南部那些树木繁茂的草原地区几乎都被长颈鹿占据着。接着,随着生态环境的变化,它们的数量逐渐减少,它们需要能够观察到地面的开阔空间。人们一度认为长颈鹿的身形和蹄子能保护它们免受捕食者的伤害。事实上,它们自幼年起直到15~20岁（它们最长的预期寿命）都有可能落入大型食肉动物的獠牙之下。然而,长颈鹿最大的敌人还是人类。几个世纪以来,它们的皮、肉,尤其是有时会被用作货币的尾巴,吸引了众多目光,也频频招来激烈的围猎。自20世纪80年代以来,非洲西部的长颈鹿的数量减少了约40%,而非洲东部的数量则保持稳定。

LA GIRAFFE.

貂熊

美洲獾

Gulo gulo

恰当的命名

它的名字似乎涵盖了它的一生：这个名字是法语词汇 "gloton" 或 "gluton" 的变形，由拉丁语 "glutus" 演变而来，意为 "喉咙"。"gulo" 是前者的同义词，但它来源于更近时期的拉丁语词汇。貂熊是鼬科动物中体形最大的一种，有 6 个亚种。数万年来，它们在西欧广为人知。后来，它们占据着所谓的 "新北界" 生物带，这一地带包括北纬 50° 以北的欧亚大陆和北美洲北部地区。貂熊在落基山脉呼吸清新的空气，有时也会到加利福尼亚州的约塞米蒂国家公园漫步。布丰收到过一只来自俄罗斯的活貂熊，并设法将它圈养在凡尔赛皇家花园里长达 18 个月，因此，布丰的版画很可能是现场观察的结果。

质朴的捕食者

貂熊毛发浓密，时常被称作小型的熊。它身长 65 ～ 105 厘米，尾巴长 17 ～ 26 厘米，重 6.6 ～ 18.2 千克。貂熊的性别二态性十分明显，这解释了雌性貂熊与雄性貂熊在生物统计学上的不对等现象。貂熊是食肉动物。冬季，它们偏爱大型动物的腐尸，如搁浅的鲸和海豹（在阿拉斯加），以及大型鹿科动物等。貂熊有着强有力的肌肉，能够将猎物控制住并杀死。它们也会捕杀旱獭、松鼠、兔子、豪猪和像雷鸟那么大的出现在北方树林中的鸟类。它们的饮食清单上还会出现一些浆果和蘑菇。貂熊很聪明，它们会破坏陷阱的边界来寻找食物。貂熊喜欢独居，它们的活动范围很广——方圆 100 ～ 600 千米，雄性的活动范围大于雌性的。虽然如此，貂熊也会尽量避开人类生活的地区。貂熊可以在雪地中自由地活动，为了满足口腹之欲，它们可以一天之内在雪地中移动 35 千米。貂熊的繁殖具有季节性：成年貂熊在 5 ～ 8 月交配，翌年 1 ～ 4 月受孕的雌性会产下 2 ～ 3 只幼崽。幼崽在 7 周左右断奶，但是在 10 个月大时才能独立。在野生状态下，貂熊的寿命约为 14 岁，人工饲养时，则可以达到 18 岁。

过于美丽的皮毛

貂熊分布广泛，但是密度较低，没有受到严峻的生存威胁。但是，那些因为貂熊优质的皮毛而设陷阱捕杀它们的猎人仍然是其最大的敌人：他们猎杀了 26% 的成年貂熊和 43% 的亚成体貂熊。总体而言，貂熊的数量在缓慢减少，特别是在它们领地的南部，因为那里人类活动频繁且城市发展迅速。根据估测，在俄罗斯东部，貂熊的数量在 18000 只左右，而俄罗斯西部仅有 3000 ～ 4000 只。在斯堪的纳维亚半岛，由于偷猎和驯鹿牧民对貂熊的驱逐，它们变得越来越稀少，仅有几百只。

LE GLOUTON.

牛羚
白尾角马
Connochaetes gnou

是白尾的还是黑尾的角马？

虽然黑尾角马和白尾角马很相似，但很容易辨别。两者都是非洲特有的牛科动物。然而，布丰在版画中将两种动物描绘得十分相似，甚至会被认为是同一个物种。需要特别注意竖立在它们颈部的美丽鬃毛，其整体呈黑色，而根部却是白色或淡黄褐色的。

事实上，成年白尾角马的尾巴基本上是全白的，而它的近亲——蓝角马或黑尾角马的身形更高大，鬃毛也更松散一些。这幅版画忠于事实，还原了白尾角马的外形细节，即除鬃毛外，它的角也向前弯曲。

南方的物种

白尾角马是一种身形比较娇小的动物：身高90 ~ 120厘米，雌性重110 ~ 160千克，雄性重140 ~ 180千克。白尾角马身体的毛发呈深暖棕色，前胸为黑色，这与其白色的尾巴形成鲜明对比。它们长长的、方形的嘴部上有像刷子一样竖立着的黑色长毛，极具辨识度。其扁平的鼻孔说明它们一年中有一部分时间会生活在干旱多尘的地区。它们的角长60 ~ 80厘米，末端像钩子一样向前上方弯曲，在受到攻击时，这对角会变成它们的武器。

白尾角马是群居动物，由10 ~ 50只组成小群体生活。它们分布在非洲南部没有蓝角马的区域，如莱索托和斯威士兰，它们似乎与蓝角马互相排斥。更确切地说，白尾角马活跃于保护区、国家公园或者私人领地，在那里，它们可以根据雨季和植物生长的情况在大约100公顷的范围内自由地活动。在干旱的地区，例如卡鲁沙漠，白尾角马以低矮的灌木为食，从灌木叶中摄取部分水分。它们喜阴凉，不耐酷热，所以会一直睡到日暮降临，待天气变凉爽时才出来活动。

真正的脱险者

20世纪初，白尾角马的数量急剧减少，仅存在于私人公园中，到1982年保持在150只左右。后来，野外再引入、繁殖的计划初见成效，据估计，如今有约11000只的白尾角马生活在它们最初的分布区，而2015年的数据显示，在纳米比亚的养殖场还有7000多只。在南非的一个国家公园中，至2016年，白尾角马的数量在过去22年间由167只增加到了3267只，在其他地区它们也维持着这种活力。然而，这种增长也引发了过度放牧和其他危害，比如，草本植被减少导致水土流失等。

LE GNOU ou NIOU.

大巢鼬

大巢鼬

Galictis vittata

比獾更壮实
———

在鼬科动物中，大巢鼬更像獾，而非石貂。然而，它比獾更加壮实，毛发更浓密，四肢也更短一些。短小的尾巴也让它整体看起来更加敦实。布丰提到，他能够了解这种动物得益于瑞士博物学家阿拉曼德，后者有一只来自苏里南的大巢鼬。然而，布丰知道的其实并不多，所以他写道："我能做的只有描绘它的样子。"

这幅版画呈现的似乎是一只还未成年的大巢鼬：它的头身比例有些失调，身体后半部分的毛发十分模糊，黑色的尾巴毛发稀疏——它可能被拉长了。然而，版画的原型是一只活着的大巢鼬吗？不是，它很可能是一个死了的样本，因为那个时候交通闭塞，人们很难把异域的动物活着带回欧洲，之后再养在动物园之类的地方。

拉丁美洲最不为人知的食肉动物
———

大巢鼬生活在中美洲和南美洲的许多国家中，活跃于面积广袤的雨林边缘、墨西哥南部和巴西南部之间，以及海拔 1500 米以下的地方。它们的背部几乎呈均匀的灰色，而面部、下颌、喉部以及前胸呈深黑色，黑色与灰色间有一条清晰的纯白色的分隔线。大巢鼬身长45 ～ 60 厘米（不包括13 ～ 20 厘米长的尾巴），重1.4 ～ 4千克。这些数据会根据其性别和地理分布的变化而变化。

大巢鼬是食肉动物，它们会在森林和开阔的地方寻找啮齿类、有袋类、爬行类、两栖类、鱼类、无脊椎动物为食，有时也会寻找藏在地面鸟巢中的蛋。大巢鼬一般单独捕猎，但有时也会以家庭为单位觅食。人们认为它们是独居动物，但这一结论仅仅通过观察捕捉到的大巢鼬得到，事实上，我们对它们的生活习性所知甚少。可以明确的是，雌性大巢鼬会在南方春夏季节，也就是 3 ～ 10 月繁殖，一胎会生产 1 ～ 4 只幼崽，雄性则会保护雌性及幼崽。

秘诀是躲起来生活？
———

大巢鼬在它们的主要分布区内似乎没有受到生存威胁。为了说明这一点，我们可以参考哥伦比亚卫生和环境部门的说法，因为他们经常造访这些区域。然而，他们也没有给出详细的数据。而在哥斯达黎加，大巢鼬面临生存威胁：人们为了获取它们的肉而猎杀它们，此外，虽然适应能力强，但由土地开发所带来的影响对它们来说仍是一个极大的挑战，一些深层的变化，如公路、城市的扩张等都不利于它们的生存。

LE GRISON.

仓鼠

黑腹仓鼠、欧洲仓鼠

Cricetus cricetus

一个成员众多的物种

这幅版画非常精致，美中不足的是动物眼睛的颜色太浅，且嘴部太像老鼠的嘴。三色的皮毛是欧洲仓鼠的鉴别特征。"仓鼠"（hamster）一词源自德语，意为"会储藏东西的动物"，它佐证了这种中型啮齿类动物的行为。在欧洲，欧洲仓鼠分布在比利时和法国阿尔萨斯，在亚洲它们则分布于俄罗斯东部直到叶尼塞河地区，以及哈萨克斯坦。它是仓鼠属最后的代表，该属的学名"*Cricetus*"即以它的名字命名。仓鼠科动物从新大陆（美洲大陆）一直到亚洲均有分布，包含大约700个物种。

小收藏家

欧洲仓鼠生活在海拔低于400～650米的平原上，那里土质松软，可以任它们挖洞。夏季，它们住在较浅的洞里（最多60厘米深），雌性的洞穴配有多达8个出口，以便在遇到危险时能带着幼崽逃跑。冬季的洞穴则更深更广，但结构大致相同：有一条深达1～2.5米、倾斜、弯曲的走道通向"厕所"和铺着干草的房间；有1个逃生出口以及1～7个存放种子的房间，这些房间最多可以储藏50千克的食物。

欧洲仓鼠总是在运动，但它们只在晚上外出。它们会将各种种子、土豆、豌豆以及谷物塞进颊囊里，并将其运到通风良好的洞穴中储藏，以便在冰雪覆盖的时候有食物过冬。

不均匀的分布

欧洲仓鼠的数量增长得非常迅速，因此在欧洲中西部广阔的耕地平原上，它们长期被当作有害动物。20世纪五六十年代，苏联曾经消灭了数千万只欧洲仓鼠。在法国，陷阱和毒药使其近乎消失。2012年，阿尔萨斯地区仅有14个市（镇）有欧洲仓鼠活动的踪迹，而1972年时则有329个市（镇）。自1993年起，欧洲仓鼠在法国受到了保护，数量有小幅度的增长，2014年达到1000只。比利时的情况也差不多。在其他地方，如欧洲中部，它们的分布密度达到了每公顷有37个洞穴或100多只的程度。总体而言，这种生物的数量每年的变化很大，会随着食物资源的多少和冬季的寒冷程度而有所不同。

LE HAMSTER.

刺猬

西欧刺猬、刺猬
Erinaceus europaeus

毛茸茸的动物

这是一幅非常奇怪的版画，创作者呈现的刺就像是毛一样。说真的，他并没有弄错，这些刺就是毛，但它们是经过变化的、空心的、十分密集而且被外部的浅条纹硬化了的毛。一只西欧刺猬的毛发数量为7000根左右，主要分布在背部。得益于毛发周围强健的肌肉组织，西欧刺猬在蜷缩的时候可以把毛发竖起来，并由此而得名。西欧刺猬的其他部位，如腹部、四肢、嘴也长有粗糙的毛发，但比较稀疏，且不具备保暖的功能。

在欧洲，刺猬的种类在冰河时期丰富了许多。近期的基因研究分出了3个种类：西欧刺猬、东欧刺猬和北方白胸刺猬。最后一种曾经长期与西欧刺猬混为一类，直到1998年两者才得以区分。

贪睡的动物

西欧刺猬一般在夜间活动，它们每天只花几小时觅食。食物种类包括昆虫、蛞蝓、蜗牛、蚯蚓、小水果、浆果，有时还有麻雀蛋，以及在5～15公顷的领地上活动时抓到的小型脊椎动物的幼崽。它们能在树洞中、木堆里或者岩石下连着睡18小时。它们喜食昆虫的习性使其十分依赖气候：当气温低于9℃、食物变得稀少时，它们会在精心筑造的巢中渐渐进入昏睡状态，此时它们的体温不会超过6℃。它们有时会在冬季醒来，但其在夏季积累的脂肪只能支撑它们在气温稳定回升后恢复活动，如果严寒持续下去，醒来后消耗的能量可能会引起致命的后果。

西欧刺猬的繁殖期为4～8月。雌性一年可以繁殖2次，妊娠期5～6周，一胎生产4～7只幼崽。新生的幼崽有柔软、白色的刺，36小时之后，会有更深一些的米色的刺掺杂进来；约20天后，幼崽会长出第三批刺，并对最终成形的刺的颜色和大小起决定性作用；1个月后，幼崽背上白色的刺就会脱落。

幼崽死亡率高

虽然一些人工饲养的刺猬寿命可以达到8岁，但是，在野生状态下它们的寿命其实只有2～3岁。幼崽在0～1岁的死亡率高达80%，有时更甚。以前在法国，西欧刺猬很常见，但在近30年里，它们的数量急剧下降，密集的道路网、被切割的生存领地、杀虫剂和污染物的扩散是引起其死亡的主要原因。在某些地区，刺猬甚至被列为濒危物种。与此同时，刺猬的天敌（獾、雕鸮、狐狸、野猪和流浪狗）在数量上也有显著变化。

LE HERISSON.

白鼬

白鼬

Mustela erminea

白色和红棕色

布丰以这种鼬科动物毛发的颜色为其命名：当它是红棕色时，叫做"红鼬"（roselet）；白色时，叫做"白鼬"（hermine）。"白鼬"这个词有些意外，因为它建立在一个印欧语词根"r–m"上，"arm"的意思是"红棕色"。布丰在书中对这种动物的描述十分符合它现实中的特性。

白鼬广泛分布在北半球：在温带地区的分布从北纬35°到西班牙北部和意大利的高山区，同时还分布在北方和北极气候区。此外，它们还被引入新西兰。白鼬一年换两次毛，它们的毛在冬季是白色的。事实上，只有生活在会下雪地区的白鼬才会在冬季改变毛发颜色，而分布在偏南部地区的白鼬，毛发整年都是浅褐色的。

有37个已知亚种

白鼬是小型食肉动物，身长17～34厘米，尾巴长4～12厘米，重60～370克。不同地区、不同种群的白鼬在身形上会有所不同。目前，这一物种至少有37个已知的亚种。

白鼬是独居动物，雄性会在8～300公顷的领地上活动，雌性则在2～135公顷的范围内活动。然而，在白鼬多的地方，其分布密度可以达到每平方千米22只。在繁殖期，雄性白鼬会离开自己的领地到别的地方找一只雌性交配。白鼬主要在春季生产，妊娠期为223～378天，一般延缓妊娠，之后产下6～8只眼睛尚未睁开的、全身覆盖着绒毛的幼崽。根据所处地区的季节和气候，幼崽会在1～3个月断奶。

白鼬会像伶鼬一样捕捉猎物，它们能轻松控制小型啮齿类动物、兔子和松鼠。它们会接近人类居所，破坏鸡舍或其他家禽的养殖棚。它们还会把没吃完的食物藏起来，在食物匮乏的时候以腐肉为食。

一个强壮的物种

白鼬数量丰富、分布广泛，可以说它们在全球范围内没有受到生存威胁。然而，它们的死亡率却很惊人：出生不满6个月的幼崽死亡率为40%～54%，两岁半的成年体死亡率为78%～83%。捕食者是导致其死亡的主要因素。分布在西班牙的白鼬的数量极具波动性，因为它们主要以水鼩为食，如果后者不能开辟新的领地，前者自然也无法拓展疆域。尽管与20世纪六七十年代之前相比，白鼬皮的流行程度有所下降，但是，如今许多国家仍允许猎杀它们。

L'HERMINE.

河马（雄性）

河马

Hippopotamus amphibius

来自非洲，但不限于此

河马分布在撒哈拉以南的非洲，是一种生活在静水、河流或湖泊中的庞大动物。河马在非洲的广泛分布证明了依照生物统计学、外貌特征和地理分布区分其 5 个亚种的合理性。因牙齿的形态，河马曾长期被认为是猪科动物，后来，通过古生物学和基因研究分析，人们才把河马和猪科动物区分开来。它们同属一个祖先，该祖先在 6000 万年前分化出河马和鲸目动物 2 个分支。如今，河马科只包含 2 个出现于 800 万年前的属：河马属的河马，以及生活在利比里亚的倭河马属的倭河马。

仰赖水的食草动物

河马是半水生的动物，为避免阳光照射造成的体温升高，它们大约每 5 小时洗一次澡。它们厚实无毛的皮肤无法抵御撒哈拉以南的非洲的酷热天气，于是较薄的表皮就会分泌出一种油性物质，这种物质不仅能避免皮肤皲裂，还赋予了它们标志性的粉红色外貌。而较厚的真皮则会在它们受到捕食者攻击时起保护作用。

夜晚，河马在水流缓慢的河流、湖泊和大水塘的边上寻找草地，并独自静静地吃草。它们每天能吃掉重达 60 千克的水生植物，比如藻类或其他沼泽植物。白天，河马成群地休息，那时它们显然会比较吵。

河马能改变所食植物的生长周期，并在旱季从中获益：河马越破坏某种草，那种草就会变得越强健、越能抵御恶劣的气候环境。河马对群落生境也有影响，能够减少能引发火灾的干草和灌木丛。

河马会组成有等级的群体生活，包含多达 150 只成员，通常由一只最壮的雄性领导。一般情况下，河马十分尊重其上级成员，会避免一切冲突。但是，在发生争执时，它们会利用自己的体重，并张开嘴露出巨大的尖牙来恐吓对方。

捕猎活动的受害者

河马曾遍布撒哈拉以南的非洲，包括尼罗河流域，但如今其数量却只有 11 万 ~ 13 万只。河马较多分布在东非（约 5 万只）和非洲南部（6 万 ~ 7 万只），而非洲西部只有不到 7500 只，并分布在不同国家。在殖民时代，受捕猎活动影响，它们的数量有所减少。如今，它们又面临失去栖息地的威胁。有些专家甚至预测，河马会在三四十年内灭绝。

L'HIPPOPOTAME MÂLE.

鬣狗

条纹鬣狗

Hyaena hyaena

法国的物种

布丰 2 次介绍了同一物种——犬。他是否注意到一些特征表明那是 2 只不一样的狗？但不管怎样，他都用同样的方式为两者命名。在 2 幅版画中，狗都被画得非常准确，这表明人们自古以来就对狗有着足够的认识。

从法国西南部到中国，条纹鬣狗的分布都非常普遍，11000 年前，末次冰期快结束时，它们渐渐取代了斑鬣狗的位置。如今，它们分布在北非、撒哈拉、东非、近东地区以及阿拉伯半岛、小亚细亚，甚至在印度次大陆以及海拔 3000 米的地带也可见其踪迹。对埃及人而言，条纹鬣狗很神圣；但在许多中东文化中，它却是欺骗和懦弱的象征。

随机应变的动物

条纹鬣狗的适应能力非常强。它们对水的需求很低，相较于野狗、热带草原上的大型猫科动物等直接竞争对手，它们能征服更加干旱的地区，干旱草原或荆棘草原、岩石区、半沙漠地带都是它们偏爱的栖息地。条纹鬣狗会吃腐肉，能咬碎骨头，同时它们比表面看上去更善于利用机会，它们能够追捕野兔、狐狸甚至啮齿类动物。龟鳖目动物、无脊椎动物、水果和黄瓜（能够为它们补充水分），甚至连生活垃圾都会出现在它们的饮食清单上。而一旦与斑鬣狗同栖一地，条纹鬣狗的行为会有很大的不同。在两者有接触的地带，条纹鬣狗会很谨慎地独自行动。而在其他地方，它们的排他性极强，除在繁殖或养育幼崽的时期，其他时候它们无法与同类共处。

条纹鬣狗的活动范围广泛，有时可达 40 甚至 60 平方千米。它们是夜行动物，白天在洞穴里休息。有些洞穴甚至长达 15 米，但大多数够其藏身即可。洞穴周围散落许多骨头，在食物稀缺的情况下，条纹鬣狗会以骨头为食，它们可以从干燥的骨头中获取营养。条纹鬣狗能适应艰苦的生活条件，如果找不到猎物，它们可以在一夜之内行走 30 千米以寻找猎物。

生活在继续，却并非一成不变

随着大型食肉动物的减少，其捕食猎物留下的残骸变少了，使得条纹鬣狗的数量也有所减少。在非洲，1950 年至 1970 年间发起的毒杀豺狼的运动间接影响了它们的数量。但是，那些以它们为目标的行动也未中断。在非洲的某些国家，条纹鬣狗仍然因为其药用价值而遭到捕杀。这种做法一直持续到 19 世纪末，但这种行为很少见，并且大体上对条纹鬣狗的数量没有太大影响，毕竟人们看重的是它们的皮毛、脂肪和爪子。在摩洛哥，条纹鬣狗的头颅特别受欢迎，并且仍以高价交易。此外，很多地区仍存在有关条纹鬣狗的迷信活动，这是它们遭受捕杀的主要原因。

L'HYÆNE.

北极狐

北极狐

Vulpes lagopus

极地爱好者

如同其他博物学前辈一样，布丰认为这种犬科生物只是赤狐的变种，因此布丰在书中将它排列在狐狸与犬之间。北极狐确实是最北端的犬科动物，分布在极地，遍及北极地区的所有国家，甚至于末次冰期徒步到达冰岛。

版画中，这只动物有着一张狼似的脸，足掌略高。然而，实际上它的口鼻非常尖细，这也符合它在18世纪时"蓝狗"或"蓝狐"的称呼。版画中北极狐浓密的尾巴得到了很好的展现。

并非那么蓝

北极狐身长75～120厘米（其中尾巴就占了一半），重3.5～6.5千克。虽然它们分布广泛，且夏季毛色明显多变，但我们还是能将它们细分为两类：一种称为"蓝狐"，一年四季毛色不变，呈棕灰色或棕黑色，具有反光效果；另一种称为"白狐"，占总数量的99％以上，毛色呈典雅鲜明的银灰色，夏季中旬至秋季则会变成白色。

北极狐毛茸茸的鬃毛（平均密度可达每平方厘米6000根）十分纤细，具有显著的保暖特性。鬃毛扎实且长，凸显了北极狐的毛色。其脚掌的肉球、耳朵和腿上都长有保护性的皮毛，避免皮肤裸露在冬季的冷风中。此外，通畅的血液循环使其四肢的温度始终保持在0℃以上。这样"武装"后，北极狐就可以抵御 –70～–50℃的严寒了。

一般情况下，北极狐会单独行动，它们整年几乎都待在同一片区域。在食物丰富的沿海地区，它们的活动范围为5～21平方千米；而在内陆地区，食肉动物的竞争更加激烈，此时它们的活动范围扩大到15～60平方千米。北极狐主要以旅鼠为食，冬季时，除了沿海地区的海豹、鲸类动物的尸体，它们亦食用内陆地区大型有蹄类动物的腐肉。

波动的物种数

北极狐的生存依赖食物资源：旅鼠数量的减少可导致一代北极狐在一年之内消失80％。多亏其旺盛的繁殖力，北极狐目前远没有灭绝的危险。然而，因毛皮十分受欢迎，猎杀北极狐的活动仍持续不断（尽管有集中饲养），每年约有10万只北极狐受害。在冰岛，北极狐数量多、分布广，使得该地的牧区遭到破坏，因而它们被视为有害动物。北极狐分别于1930年、1928年、1940年起，在瑞典、挪威和芬兰得到法律保护。即便如此，那里的北极狐数量仍未从过度捕猎中恢复过来。

L'ISATIS.

美洲豹

虎猫、豹猫

Leopardus pardalis

是虎猫，而非美洲豹

很显然，布丰并不熟悉这种新热带界动物，也不清楚这一地理区域中所有猫科动物颜色的多样性。无论是在非洲还是南美洲，不同斑点的猫科动物都没有可比性。此外，布丰在《自然史》中写道："在我描述美洲豹时，没有花豹与之相比较，因此，我把它与猫做比较。"他先后画了几幅版画，分别是"美洲豹""美洲豹或豹""豹""花豹"和"母花豹"，这个标志性的花斑使他犹豫不决。在这幅版画中，他称为"美洲豹"的这种猫科动物应是虎猫，该动物画得相当完美。

南美洲的斑点猫科动物

继美洲豹和美洲狮之后，身长 90 ~ 101 厘米，尾巴长 25 ~ 44 厘米，重 6.4 ~ 18.6 千克的虎猫是南美洲最大的猫科动物之一。它们的体色从浅红色到深褐色不等，并带有由色块、条纹、斑点组成的不同花纹。其最具代表性的特征是它的短尾巴，这在版画中显得十分匀称。

美洲豹重 36 ~ 158 千克，较虎猫强壮许多。根据地域环境的不同，美洲豹几乎占据了豹或虎的生态位。尽管特别喜爱茂密的常绿森林，虎猫和美洲豹在选择栖息地时却不拘泥于此，墨西哥北部至阿根廷北部都可纳入其考量范围。还有另一种活跃于森林且带斑纹的猫科动物——长尾虎猫，其身形比前两者小，身长 48 ~ 80 厘米，尾巴长 30 ~ 52 厘米，重 2.3 ~ 4.9 千克。南美洲的其他猫科动物，如美洲狮、细腰猫、乔氏猫、小斑虎猫、南美林猫、南美草原猫和安第斯山虎猫等栖息在更开阔或多山的环境中，而其中体重下限仅为 3.5 千克的小斑虎猫则常居于森林中。

森林避难所

大多这些或多或少仰赖森林的猫科动物已与人类接触了数千年。在许多美洲印第安文化中，它们是传说的基础，尤其是体形较大的美洲豹。虎猫也不例外，它们对阿兹特克文明而言尤其重要。然而，如今它们全都陷入了困境。据估计，在过去的一个世纪中，美洲豹的活动范围缩小了 45%。

以前，这些猫科动物多因宗教仪式而被捕捉，随后则因其皮毛而被猎杀，直到 1975 年至 1990 年各国才陆续颁布了保护措施。然而，土地规划，特别是道路交通的发展，仍严重影响着它们的发展。另外，盗猎持续进行，皮毛、爪子、胡须等其他产品的黑市发展，导致这些物种在某些地区消失殆尽。

LE JAGUAR.

黑猩猩
普通黑猩猩
Pan troglodytes

从 "jocko" 到 "黑猩猩"

如果有某种动物在着色时需要耗费大量彩墨，那绝对非猩猩莫属了。1766 年，布丰写道，自己曾亲眼见过活的 "小红毛猩猩"，他还用它的刚果语名字 "jocko" 称呼它。但实际上这是一只黑猩猩，因为当时红毛猩猩是生活在亚洲的动物，直到 19 世纪才被引进法国。"黑猩猩"（chimpanzé）一词来自安哥拉方言，1738 年，在法国以 "quimpezé" 的形式出现，布丰将它当作 "jocko" 的同义词，并用 "jocko" 来给此物种命名。

通过努力，布丰在 1742 年获得了一具在加蓬被捕获的年轻雌性黑猩猩的遗骸。它被精心地制成了标本，至今仍保存在法国国家自然历史博物馆中。多亏了这个标本，我们得以知晓布丰当时描述的是一只普通的黑猩猩，而非倭黑猩猩（矮黑猩猩）。

"森林系" 远亲

基因研究表明，黑猩猩与人类的基因相似度高达 98.7%。据猜测，两者的分化发生在 400 万年前，早于露西——1974 年在埃塞俄比亚发现的著名古猿的出生时间（距今约 320 万年）。当南方古猿和现代人类的祖先征服稀树草原、蒙古高原草原和欧洲中部草原时，黑猩猩仍然生活在高度组织的社会群体中，它们并未走出为其提供保护性覆盖植物和食物来源的大型原始热带森林。

大部分黑猩猩是 "素食主义者"，它们会根据植物的生长周期食用叶子、嫩芽、果实、树皮。其主要的蛋白质来源于植物和昆虫。它们会使用工具捕捉白蚁和蚂蚁，以及仅占其食物 5% 的小型脊椎动物。而植物可以给黑猩猩提供所有必需的药品，研究表明，黑猩猩懂得利用植物来治疗各种疾病。

濒危的物种

如今，非洲热带地区仅存约 15 万只黑猩猩，而在 20 世纪初曾有 200 万只。造成此物种数量骤降的原因不外乎森林砍伐、刀耕火种、交通发展等，但黑猩猩非常依恋自己的领地，因此他们不太愿意选择 "逃难"。尽管遭受严密的抓捕，但东非黑猩猩仍是最能抵抗环境变迁的黑猩猩。然而，像许多灵长类动物一样，黑猩猩在自然栖息地中受到了严重威胁。

LE JOCKO.

大犰狳

巨犰狳

Priodontes maximus

南美出产

犰狳中，巨犰狳属体形最大的一种。犰狳从 3500 万年前起就在南美洲生活，如今其族群只有 21 种，包含小型截头犰狳（身长 12 ~ 15 厘米，重约 120 克）至巨型犰狳（身长可达 1.5 米，重超过 50 千克）。

虽然画师可能没有机会见到它们，但却完美地表现出该物种的主要特征：前肢有巨型爪子。身体其他部分或多或少也是正确的。布丰尽可能通过旅行了解该物种，而不是靠收集标本。

以甲壳做防御

巨犰狳的身体被甲壳覆盖，本体受到鳞片的保护。它们的毛发中仅保留了一些具有触觉功能的须，在夜间活动中这些须是必不可少的。巨犰狳身上的鳞片实际上是蜕变后的毛发，一直覆盖到尾巴末端。其身上有横带，不同种族横带的数量各不相同——巨犰狳有 11 ~ 13 条。由于无法完全蜷缩，巨犰狳会藏身于洞穴中，以保护自己免受捕食者的伤害。它们大部分的时间都在洞穴中休息：巨犰狳每天要睡 18 小时。得益于其巨型的爪子，巨犰狳可以攻破土掩的蚁丘，破坏白蚁穴或腐烂的树木。其他幼虫、蜘蛛亦是它们的食物。

人们对该物种的了解甚少，尽管它们的分布范围覆盖了南美洲直至阿根廷北部的大部分低地，但其分布密度很低：在玻利维亚（多民族玻利维亚国），平均每 100 平方千米只有 5.7 ~ 6.2 个个体。我们猜测，巨犰狳平均寿命为 7 岁，雌性一年生产一胎，妊娠期约 4 个月。

温和的性格害了它们?

巨犰狳是一种温和、谨慎的动物，但它们仍然受到极大威胁：在过去 30 多年，猎杀（现已为非法行为）、森林砍伐、道路发展使其数量减少了约 50%，如今它们被认为有灭绝的危险。

LE KABASSOU.

南非山羚

山羚

Oreotragus oreotragus

南非的羚羊

布丰第一次描述这种羚羊时写道："此外，在开普敦好望角的土地上，似乎有两种瞪羚或跳跃的山羊，因为我收到一张图画，画中的动物叫山羚——山岩的跳跃者。"

山羚一名取自英语，而该词本身源自 18 世纪第一批荷兰殖民者的词汇。山羚是山羚属中唯一的代表，它们生活在非洲东部海岸、苏丹与南非之间，以及介于安哥拉与纳米比亚之间。因分布广泛，山羚具有多种形态和颜色，但唯有中非和尼日利亚的孤立种群形成了一支亚种。

小而敏捷

山羚体形相对较小：肩高 47 ~ 60 厘米，重 8 ~ 18 千克。它们的肢体非常灵活，蹄子表面光滑坚硬，利于它们在崎岖多岩石的地区行走。它们的毛短且浓密，太热或警戒时会竖立起来。山羚能抵御岩石的摩擦，当被触碰时，它们会因惊恐急躁而抖动身体，同时发出叫声。它们的皮毛具有重要的热学结构：充满空气的中空皮毛的间隙可以储存太阳热能。尖凸的口鼻和狭窄的眼距使山羚拥有良好的视野，让它们能更好地移动和跳跃。山羚的耳朵看上去有些夸张，但可以让它们尽可能地筛选和识别噪声，并摆动着向同伴发送危险信号。雄性山羚的前额有约 9 厘米长的角，坦桑尼亚、乌干达和埃塞俄比亚的雌性山羚亦有角。山羚在 7.5 ~ 50 公顷的范围内成对生活，它们以草为食（最多占其食物的 50 %），有时也食用矮灌木丛的叶子、果实，甚至细枝或树皮。

孤岛之羊

在高海拔地区，某些食草动物无法在多岩石的环境中移动，也无法获得足够的食物，但山羚可以在这样的环境中很好地生活，这为它们提供了庇护。

考古学家在欧亚大陆发现了可追溯至 500 万年前的山羚化石。除了人类持续捕食外，山羚很少有其他捕食者，因此，尽管该物种的原生分布量已减少，但是却并未受到生存威胁。2011 年，山羚的总数约为 4 万只。可以肯定的是，其群落生境长期为它们提供了生存庇护。

LE KLIPPSRNGER *ou* LE SAUTEUR DES ROCHERS.

斑驴

拟斑马

Equus quagga quagga

拟声命名

这是个令人惊奇的动物名称，它由一种变种斑马的叫声"san"拟声而来。这个称谓随着这种动物一起来到欧洲，在布丰生活的时代，它还被用来指称斑马，当然也不是全部的斑马。因为人们将它们的染色体数量区分开来，分出了4种斑马。其中平原斑马种又分为4个或6个亚种，这解释了为什么斑驴的学名是由3个词语组成的。但是，如今识别不同亚种的斑马仍然很困难。好在它们皮毛的花色为我们提供了宝贵的帮助：每个物种或亚种的头上或臀部都有独特的条纹图案。毋庸置疑，斑驴的肩膀到臀部的深毛色是它们的判别依据。而画师本可以画得更仔细一些，因为那个时代的大多图像文献都表明该动物的头部也很黑。

仅存在100年

斑驴的数量在18世纪至19世纪初非常丰富，但却在1883年8月12日消失了。为什么有如此明确的日期？因为它涉及一只生活在阿姆斯特丹动物园里的斑驴，而最后一个斑驴标本可能是1878年在野外环境中捕捉到的。斑驴的生态环境可能接近斑马：它们大量集群，在非洲南部（今南非）的开阔的热带稀树大草原上逐草而居。其丰富的数量是它们致命的原因，荷兰和英国殖民者还曾引入绵羊与之竞争，斑驴被无情地驱逐了。虽说1886年人们采取了第一批保护措施，但为时已晚，在发现它们的近100年后该动物消失殆尽。

总是和我们在一起

我们对这种灭绝了的动物的记忆只剩5张照片和一些来自欧洲的自然历史博物馆的标本。在巴黎展出的斑驴标本是1784年捕获的，它在1794年至1798年（该斑驴去世的时间）生活在凡尔赛皇家动物园，随后是植物园。当时，动物标本剥制术还处于初始阶段，所以这个斑驴标本身上依然有初阶标本的痕迹。一些研究人员试图通过DNA（从博物馆保存的标本中提取）来"复制"斑驴，但无论是实际研究还是"反灭绝技术"，都尚未获得任何进展。

LE KWAGGA *ou* COUAGGA.

野兔

穴兔、欧洲穴兔
Oryctolagus cuniculus

源自欧洲的家畜

与坊间的看法相反，穴兔并非是罗马人引入法国的。穴兔的祖先源自西班牙南部，在距今 2000 万 ~ 500 万年前的中新世时期来到法国，随后在约 300 万年前分成 2 个分支：一支分布于法国南部和意大利北部，之后便消失了；另一支则留在西班牙，在全球变暖的趋势下迁徙到法国南部直至卢瓦尔河。中世纪开始，人类将它们置于天然养兔场（树木繁茂的保护区或兔子的栖息地），使它们自然繁殖生长并供狩猎使用。16 世纪时，穴兔开始被驯化圈养：第一批是由非科学性杂交配种产生的，如一个出现在 1555 年的维罗纳品种。也就是说，穴兔是一种源自欧洲的家畜。

从灌木荒地到家兔棚

即使不接近人类，但实际上穴兔是一种被驯服了的动物，如家兔、棚养兔、放养兔等，这些名称也揭示了它们对人类的依赖性。宠物兔的出现是一种被推到极致的选择结果。一只 10 千克的比利时法兰德斯巨兔和一只不超过 2 千克的穴兔之间有什么共同点？前者不再具有捕食的意识，而后者的日常生存全依赖其逃跑能力。事实上，法兰德斯巨兔是由穴兔演化而来的。这种状况由 19 世纪晚期比利时的社会娱乐潮流引起，当时驯化自然生物被认为是一种时尚潮流。

自然界中的兔子

在法国，穴兔被视为一种常见的动物。事实上，其族群数量在过去 20 多年来正急剧下降。穴兔繁殖率极高（一年可怀 3 ~ 5 胎，一胎能产下 15 ~ 25 只幼崽），但死亡率也极高（第一年会有约 80% 的幼兔死亡，随后几年的死亡率为 50%）。而狩猎也造成了严重的后果，对比 1974 年至 1975 年和 1998 年至 1999 年的数据，穴兔的总数从 1350 万只下降至 320 万只。栖息地破碎化、捕食、动物疫病（传染病），尤其是长期或永久性的农业休耕，导致穴兔总数下降。似乎没有什么能阻止其消亡。

LE LAPIN SAUVAGE.

睡鼠

睡鼠、阁楼睡鼠
Eliomys quercinus

拥有一口独特的牙齿

睡鼠属于睡鼠科，这种啮齿类动物非常古老，已经存在 4000 万年了。它由山睡鼠、睡鼠、森林睡鼠和榛睡鼠组成，包含 29 个种类，全都生活在欧亚大陆和非洲，其中有 3 种生活在法国。睡鼠在法国生活了至少 400 万年。

睡鼠有一口独特的牙齿，其门牙与其他啮齿类动物相似（持续生长，且上下两对之间相互咬合），但其臼齿具有能切碎食物的尖端，而不是粗糙的坡面，这与其他啮齿类动物有所不同。同时睡鼠的前臼齿也很尖锐，并且排列得很整齐。

食果的乡村小动物

睡鼠的生活领域遍及西班牙至乌拉尔地区，除了斯堪的纳维亚半岛，我们在几个地中海岛屿中也可以找到它们。睡鼠的黑色脸孔易于识别，我们还可以从它们的体形（身长 11 ~ 15 厘米，尾巴长 8.5 ~ 14 厘米，重 60 ~ 140 克）及几乎完全树栖的生活模式认出它们。其体色因地区而异：南方种类为明亮的黄褐色，北方则是深灰色。睡鼠多生活在落叶林或针叶林的边缘，有时也生活在果园和花园中。在这里，人类为它们提供了比野果品质更好的食物，助长了其扩张。在饮食方面，睡鼠基本上以果类为食，但它们也捕食昆虫、家禽和雀形目的幼禽。

睡鼠是夜行动物，它们在树洞、鸟窝或阁楼里度过白天。它们特别喜欢农村住宅，因为那里有能躲避恶劣天气的隐蔽角落。在累积一定的脂肪后，睡鼠会与同伴们一起冬眠。在睡鼠多的地方，它们经常会成为夜行动物的猎物，猫和鼬鼠会在它们栖居的阁楼或房屋周围等待狩猎。

无法解释的消失现象

在法国，直到 20 世纪 80 年代，睡鼠都以其甜而香的肉质而闻名，但在那之后，它们几乎消失了。人类的捕食行为无法完全解释 30 多年来其数量减少了 50％ 的状况。现在，在罗马尼亚、克罗地亚和立陶宛的部分地区也难寻它们的踪迹了。在中欧，包括奥地利在内，睡鼠的数量也很少。在睡鼠曾经众多的西班牙南部，我们也很难再看到它们了。我们根本不知道它们大范围减少的原因，但是，其实睡鼠在许多国家都得到了保护。

LE LEROT.

狮子

狮子

Panthera leo

皇室的象征

"狮子生活在非洲或印度的烈日下，是所有动物中最强、最可怕的。"解释中，布丰将狮子的力量与炎热的气候联系在一起，他还知道这种动物栖息在亚洲，尤其是印度。在古代，狮子是中东地区皇室的象征，4世纪的西欧国家也是如此。中世纪时，狮子的象征性用途得到了证实，以12世纪的徽章为证：英格兰的理查一世被称为"狮心王"，他是最早在武器上使用该动物图像的人之一。现今，狮子也常出现在一些公司的商标中。

穴狮与现代狮

大约500万年前，狮子就以现在的形态出现在东非了。后来因气候变化，狮群分散开来，并于250万年前分成2个分支。一支为穴狮，在征服北半球并到达美洲之后消失于1万多年前的更新世末期。这种狮子可能是史上最大的猫科动物之一：考古学家在欧洲发现了一些穴狮化石，重达300千克。美洲的狮子则重达450千克，而雄性现代狮重约260千克（雌性重约182千克），肩高约1.28米。另一支为现代狮的祖先，在30万~12.4万年前又分化为2支：一支位于中非和西非，跨越近东、中东以及南欧到达印度；还有一支即如今的非洲狮子。

被自身锋芒所害的动物

长期以来，狮子一直是人类的狩猎对象。它们是因为其至高无上的象征性而被追捕了数个世纪吗？无论如何，枪支的出现、道路交通的发展以及人类的发展已经伤害了这种"大猫"。例如，在阿尔及利亚，阿特拉斯的狮子在该国殖民时代的初期就迅速消失了。而在印度，仅存的500只狮子被限制在该国西部的国家公园和吉尔野生动物保护区中。在叙利亚和该地区的其他国家，最后一只狮子在很久以前就死亡了。在非洲，狮子的数量为23000~39000只。尽管各国都采取了严格的保护措施，但各地狮子的数量依然在减少。

LE LION.

北海狮

斯特勒海狮、斯氏海狮

Eumetopias jubatus

来自北方还是南方？

布丰总结道：这种动物可以生活在两个半球，因为人们在堪察加半岛和麦哲伦海峡都遇见过它们。但我们知道布丰所说的不是同一物种。版画中，通过动物的尖鼻子，我们可以辨认，它是生活在北太平洋的斯特勒海狮。该物种的命名是为了纪念探索堪察加半岛的德国人乔治·威廉·斯特勒（Georg Wilhelm Steller，1709—1746）。另一种也被称为海狮的生物，栖息于南美洲，它鬃毛浓密，被命名为"南海狮""巴塔哥尼亚海狮"或者"南海海狮"。此外，还有一种澳大利亚海狮，这加大了人们给海狮命名的难度。

最胖的海狮

除分布不同，北海狮和南海狮没有其他共同点。前者比其南部的表亲胖得多：最轻的雌性北海狮的体重与最重的南海狮差不多，重约 350 千克，而且 1 吨重的雌性北海狮身长可达 3 米！北海狮主要分为两组：东部的北海狮，生活在加利福尼亚和阿拉斯加之间；西部的北海狮，生活在从阿拉斯加到千岛群岛（位于俄罗斯堪察加半岛西南部与日本北海道岛东北部之间的一组火山群岛），范围从海岸线一直延伸到大陆架边缘的地区，也就是不超过 200 米深的水域。北海狮为食肉动物，它们几乎会吃掉一切能捉到的大小适中的动物，如鲭鱼、鲱鱼、鳕鱼以及头足纲之类的软体动物。在三角湾地带，河鲟则是它们的首选。在极少数的情况下，它们也会捕食幼年的海豹。

北海狮会聚集繁殖，每年 5 月，雄性海狮会逗留在海滩上，雌性海狮则紧随其后。雌性海狮会先将前一年受孕的胎儿产下，然后在 2 周后进行交配。这段关系会持续 2 个月，之后这对"佳偶"便会分开，雌性海狮会带着幼崽一同离去，在这些幼崽中有些可能已经 4 岁了。还好这种费时低效的繁殖方式有其长寿命来弥补：北海狮最多可以活到 50 岁。

未解之谜

自 20 世纪 50 年代至 70 年代增长了近 15％之后，西部地区北海狮的数量正急剧下降，从阿拉斯加到千岛群岛，有 50％ ~ 80％ 的北海狮至今已无踪迹，但是我们真的不知道原因为何。抓捕并非主要因素，意外捕获也不是，因为北海狮的敏捷性使其能够轻松地从网中逃脱。此外，还有鱼类种群减少、石油泄漏等的猜测，但没有一个具有说服力，这依然是个未解之谜。值得欣慰的是，自从加拿大和美国颁布保护法令以来，东部地区北海狮的数量一直很稳定。

LE LION - MARIN.

蜂猴

小蜂猴

Loris tardigradus

小型夜行灵长类动物

蜂猴属于亚洲和非洲灵长类动物家族中的一员，共 5 个属、9 个品种。它们体形很小（身长 15 ~ 40 厘米，重 0.3 ~ 2 千克），没有尾巴，四肢细长，眼睛超大，这使它们在夜间森林世界中独树一帜。

显然，画师并不熟悉该物种，不过可以看出，他是以一个形态良好的标本为模型绘画的：面部、尖口鼻、额骨、大眼睛被完美地展现出来。与实际不符的是，画中动物的尾端又大又粗，而现实中却是很细的。蜂猴的手掌与脚掌有肉垫，有利于抓握。

群居类动物

蜂猴属动物为斯里兰卡特有种，以生态群落分成 2 个种，一种拉丁学名为 "*Loris tardigradus*"，其皮毛带有温暖柔和的色调，生活在海拔 700 米以下的潮湿地带和沿海森林中。另一种拉丁学名为 "*Loris nycticeboides*"，仅生活在海拔 1600 ~ 2000 米的潮湿地区或多雾的森林中。这种严格的树栖动物可以在树枝间快速移动以寻找各种猎物，它们主要以无脊椎动物（蚂蚁、虫子等）为食。其生活在山区的亚种食肉，它们捕食小蜥蜴，而且为了补充足够的蛋白质，除了鳞片以外，其他部分全都食用。

蜂猴多为群居动物，它们不分年龄、性别地居住在一起，以便相互清洁，或一同在树枝上或树洞中休息。成年蜂猴于夜间独自狩猎，其大眼睛位于同一水平面上，并且垂直于头部的纵向轴，这增加了它们的视线范围。

但愿有树木可栖

事实上，人类的狩猎是蜂猴数量减少的边缘因素。蜂猴稀有，且不易被捕获，但是，人类会吃其肉或将其用于医学中。造成蜂猴数量减少的主要原因是森林砍伐：近 2 个世纪以来，斯里兰卡 97% 的森林已被农田取代，使得蜂猴的栖息地变得破碎，也缺少从一栖息处移动到另一处的森林走廊，这在某种程度上造成了蜂猴数量的减少。结论是，生活在山区的蜂猴几乎消失了，而适应能力强的平原蜂猴也不能适应开阔的空间，如公园和花园。

LE LORIS.

狼

灰狼、欧洲狼、野狼
Canis lupus

广为人知的动物

狼是世界上有相关研究最多的动物之一，这显示出人类对它的着迷。狼在欧亚大陆及北美洲与人类共存已有数万年之久。该物种在北半球，特别是温带及其北部地带生活。狼适应能力强，且分布广泛。布丰所认识的这个物种现在分为几个支种，主要生活在北美大陆。在欧亚大陆，尽管人们进行了大量的基因分析，但狼的分类系统尚未完全确定。而多种狼的分支似乎都起源于欧亚大陆。

在狼与人类接触的历史中，最引人注目的事件无疑是将其驯化。我们在阿尔泰山脉（中国、俄罗斯和蒙古共有的山区）发现了3万多年前狗和狼的共同祖先。

法国的狼：一段历史

这幅版画是在格沃丹悲剧（1764—1767）发生的10年之前画的：100多人在洛泽尔被一只或多只神秘野兽杀害，这或许是狼干的。在布丰生活的时代，狼相当普遍，且狩猎的状况十分猖獗。在法国，那时狼的数量为1.5万~2万只。专门负责猎杀这些"害虫"的捕狼队成立于9世纪。19世纪，枪支的普及大大削减了狼的数量，此外，陷阱和毒药也威胁着狼的发展。到1940年，该物种在法国领土上被彻底根除。

在法国，来自意大利中部的狼被重新引入，并自1976年以来得到保护。它们属于意大利狼，是狼的一个亚种，其特点是不能与狗杂交。它们的生活范围扩大到法国，1992年11月，在滨海阿尔卑斯省发现了第一批意大利狼，从那时起它们就不断扩大自己的生活空间，直达索姆河。2017年，法国境内估计有360只狼。这种进展得益于该地区的一些政策：退耕还林、扩大林木茂盛区域、增加大型有蹄类动物等，这为狼提供了人烟稀少且安静的环境，以及一个大型的狩猎空间。

杰出的适应能力

狼对环境的适应能力极强，它们甚至能随城市化和工业文明的发展而有所改变。它们可以长途跋涉，而且它们很谨慎，懂得利用植物的遮盖或黑暗来移动和繁殖。即使在离狼的活动区不远的地方发现了一只已经死亡或虚弱的狼，我们也依然无法在该区域找到狼的藏身处。

狼真的能成功复兴吗？其对牲畜的破坏曾加深了人们对它们的恐惧，但现代人几乎都没有经历过这种事。此外，狼是否仍存在于法国领土上仍然是一个非常有争议的话题。

LE LOUP.

水獭

欧洲水獭、欧亚水獭
Lutra lutra

一种家喻户晓的动物

布丰共为水獭做了两幅版画，呈现出一只趴在水岸上寻找隐藏在平静水中的猎物的水獭。实际上，这种鼬科动物是活跃的捕食者。这幅版画展现了这种 18 世纪常见的动物扁平且胖嘟嘟的脸，敏锐的眼神，短小的耳朵，又短又胖的尾巴，这些特征隐藏了它游泳健将的身份。事实上，水獭共有 13 种，它们的身形可以助其在水中持续长时间游泳。它们的祖先被证实出现于 2300 万年前，而现代水獭出现于 700 万年前。

适合游泳的身材

与许多食肉动物一样，水獭有性别二态性，但差别并不显著：雄性身长 60 ~ 90 厘米，重约 18 千克；雌性身长 59 ~ 70 厘米，重约 12 千克。现实中，水獭的尾巴应在版画的基础上再增加 35 ~ 45 厘米。我们从爱尔兰，经北非，直到日本都可以看见它们的踪影，只要那里的河岸可以提供丰富的藏身之处。从海平面到海拔 4100 多米，它们在各种水环境中生活，我们甚至可以在郊区看到它们。水獭的体形呈纺锤状，耳朵短，颅骨扁平，眼睛和鼻孔处于同一平面，这些都是它们在水中活动的有利条件。它们的皮毛很厚，毛的密度为每平方厘米 6 万 ~ 8 万根，保暖且防水。它们指间有蹼，尾巴强劲有力，利于游泳。得益于这些先天条件，水獭是天生的捕鱼高手：一只成年水獭每天的捕食量为其体重的 12% ~ 15%，若照顾 1 ~ 4 只幼崽，雌性水獭的捕食量约为其体重的 28%。同时，有水獭生活的地方代表水质优良。水獭的领地范围以河的线性距离计算：雌性为 7 ~ 18 千米；雄性则可达到 39 千米。

水獭的回归

水獭曾因人们对其皮毛的需求而被大肆猎捕，其数量在 20 世纪末达到最低点。1972 年，人们对水獭的全面保护初见成效：它们重新回到了法国西部和中央的高原。然而，在法国乃至欧洲城市发展程度高的地区，水獭仍然很少见。在城市地区，造成水獭死亡的主要原因是公路，公路的大量建造使得适合其生长的环境遭到破坏，其次是河流和沼泽地干涸。不过它们的回归显示了水质污染的状况有所改善。

LA LOUTRE.

圭那亚水獭
水栖负鼠、蹼足负鼠、南美洲小袋鼠
Chironectes minimus

布丰的失误

布丰犯了一个错误：版画中的这只并不是小水獭。他本应意识到这种动物长着耳朵，尾巴无毛且细，除了游泳时必不可少的半蹼状后腿，它没有任何水獭的特征。实际上这是一只蹼足负鼠，是一种有袋类动物。跟其他胎生哺乳动物的同类动物不同，蹼足负鼠已逐渐成为"水生动物"，即便其一般生活形态仍然非常像陆生动物。在圭亚那，它们被称为"yapock"（小袋鼠），这个词源自巴西和圭亚那之间的界河之名——Oyapock River（欧雅帕克河）。

游泳能手

蹼足负鼠生活在中美洲和南美洲。除亚马孙雨林外，它们还经常出没于墨西哥的小河和山间溪流，以及圭亚那森林的清澈浅水河中。这种小动物尾巴长 36 ~ 40 厘米（身长 27 ~ 32 厘米），保留了新大陆有袋类动物共有的尾巴特征。蹼足负鼠只在白天休息的时候回到陆地上，它们会在一个铺满了干燥材料的洞穴中栖息。据了解，它们很少在河岸上移动，而且几乎不攀爬。它们身形小巧，且在夜间独行，因此，研究起来很困难。

蹼足负鼠是一种完全适应了水生环境的生物：皮毛致密且具有防水性，后腿为半网状蹼足（前肢可自由活动），耳朵短。雌性负鼠有一个密闭的小口袋，以在潜水过程中保护幼崽；雄性也有一个，但旨在保护生殖器并促进流体运动。蹼足负鼠食用小鱼、两栖类动物、甲壳类动物等，它们借助眼睛上方细长的触须来探测猎物。我们推测，蹼足负鼠可能拥有发达的嗅觉系统。

鲜为人知的物种

蹼足负鼠的总体数量尚未可知。它们在中美洲某些地区很常见，但在南美洲较少。它们能够穿越并适应农业种植园的河流。在圭亚那，非法淘金活动在淡水中排入了大量有毒物质，这削减了亚马孙河一带蹼足负鼠的数量。

远离人类可能是对蹼足负鼠最好的保护。它们很少被猎杀，博物馆中也只收藏了很少的蹼足负鼠的标本。在阿根廷发掘出来的古老的蹼足负鼠化石表明，自 250 万年以来，该物种一直隐匿地生活着，几乎没有被人类打扰。

LA PETITE LOUTRE DE LA GUYANE.

猞猁
欧洲猞猁、北方猞猁、狼猞猁
Lynx lynx

是猫还是犬？

"猞猁"（lynx）一词源自希腊语词根"lykos"，带有"狼"的意思。由于加拿大拓荒者曾将这种生物与狼做比较，因此布丰也将之称为"猞猁狼"。在西班牙，这种动物体形明显偏小，故人们也常将它与猫做比较。正因如此，动物学将猞猁归为猫科动物，而欧亚猞猁是4种猞猁属生物中体形最大的一种，它们多半栖息在北半球。

北方风情

猞猁喜欢北方的生活环境，那里有适合它们的活动范围和群落生境，特别是芬诺斯坎迪亚（芬兰、瑞典、挪威）、俄罗斯（占75%）、蒙古、中国以及亚洲温带大陆中心。这种离群索居的动物在西欧和东欧较少见。它们的栖息地非常分散，通常在密集或稀疏的森林、针叶林、苔原才能找到它们的踪迹。在喜马拉雅山海拔4700米处，我们经常看见它们的身影，但它们很少到达海拔5500米以上的高处。

猞猁体形庞大且强健有力（雄性可重达30千克，雌性重达21千克），它们的主要猎捕对象为小型有蹄类动物，特别是狍。冬季时，羚羊、梅花鹿、野猪、驼鹿、红鹿、原麝也是它们的猎捕对象，它们也会食用先前储藏的猎物尸体来补充能量。夏季，兔科动物、松鼠、旱獭属生物为其主食。它们猎食禽类的情况较少，偶尔会捕捉几只母鸡。猞猁的活动范围很广，尤其是雄性猞猁。在挪威，当猎物稀少时，猞猁的活动范围可达3000平方千米；在中欧和西欧地区，其活动范围为106～264平方千米。

各国分布比例大有不同

布丰于1755年纪录道：除比利牛斯山脉外，法国境内已无猞猁栖居（事实上生活在比利牛斯山脉的是伊比利亚猞猁或西班牙猞猁，与布丰所说的品种不同）。然而此说法并非完全准确，至1885年，猞猁依然栖息在孚日山脉和汝拉山脉，或者生活在法国中央高原中，这与布丰所说的猞猁自1650年已消失于现今的法兰西岛的说法不符。

自1980年以来，我们多次尝试将猞猁引回法国，但皆徒劳。有人声称这项救援计划会破坏鹿和狍的生存环境，故以失败告终。现今，生活在法国东部边界、孚日山脉和北阿尔卑斯山脉之间的180只猞猁皆为瑞士和德国猞猁群扩张的结果。然而，我们收集的基本证据显示，它们出没于汝拉山脉。我们还在这个地区测得它们族群成长的数据——成年猞猁增加了80多只。

由于仅靠猎杀无法控制狍和野猪的扩张，中欧一些国家正试图重新引进猞猁或增加它们的数量来遏制狍和野猪的增长。在东部地区，该物种几乎没有被猎捕，其栖息地也大致保持完整。2013年，俄罗斯约有22500只猞猁；2009年，中国约有27000只；2006年，蒙古约有10000只。

LE LYNX.

无尾猕猴
叟猴、巴巴利猕猴
Macaca sylvanus

"红屁股"

布丰在《自然史》中指出："在所有的猴子中，无尾猕猴最能适应地球气候。"

"magot"（叟猴）这个法语旧名源自印欧语系的词根"mak"或"mag"，意思是"红色"，具体来说，是指灵长类动物臀部的红色，特别是其繁殖期的红色，这也是法语中"macaque"（猕猴）一词的起源。

布丰还给无尾猕猴起了另一个名字"tartarin"，因为在鞑靼利亚（中世纪到 20 世纪欧洲对欧亚大草原的称呼）南部常见到这种动物。该地即如今的北非；而巴巴里指的是北非的北海岸，即柏柏尔人的海岸。猕猴属是所有灵长类动物中（人类除外）唯一一个在三大洲都被发现了的属类，由 20 个物种组成，其中巴巴利猕猴是唯一一个生活在亚洲之外的物种。

依赖岩石的灵长类动物

现今无尾猕猴的规模已缩减到只剩下阿尔及利亚和摩洛哥的少数种群。而欧洲唯一的代表则生活在直布罗陀。长期以来，人们一直认为这 10 多只雌性无尾猕猴是在第二次世界大战期间被带到那里的，但是基因分析显示，这里有 2 种不同的类型，一种来自阿尔及利亚，另一种来自摩洛哥。因此，它们应该是在更早之前来到直布罗陀巨岩的，或许可以追溯到伊斯兰时期或 17 世纪初。

版画中这只健壮的猴子（雌性重约 10 千克，雄性重约 15 千克）有一层灰米色的毛皮，与岩石完美地融合在一起。它的手比脚长，尾巴已退化。与所有的猕猴一样，无尾猕猴有着光滑无毛的深粉色的脸，这有助于我们理解它们的面部表情。

无尾猕猴生活在人迹罕至的松散岩石森林中，有时也生活在海拔较高、植被清晰的密林、雪松或稀疏的橡林中。它们是"素食主义者"，主要以树叶和果实为食。无尾猕猴遵循母系社会制度，群居，一个无尾猕猴群可以有 10 ~ 100 只成员。雄性负责照顾所有幼猴，不分你我，因为它们认不出哪个才是自己的后代。

撑住啊，直布罗陀！

调查显示，无尾猕猴的种群数量正在减少，摩洛哥的数量在 1975 年为 17000 只左右，但到 2004 年只剩 6000 ~ 10000 只。阿尔及利亚正经历着同样的状况（1975 年有 5500 只）。猎捕、栖息地遭到破坏、捕捉以豢养等，都是其数量减少的原因。事实上，只有直布罗陀的无尾猕猴的数量在增长，目前有超过 300 只。

MAGOT.

山魈（雄性）

山魈

Mandrillus sphinx

神秘的猴科动物

关于山魈，布丰大胆地提出猜想与假设。他声称见过活的山魈，但没有说明在哪里见过，而且，他断言雄性山魈"具有令人不悦且作呕的丑样"。如果他真的见过并观察过这种动物，那肯定也只是匆匆一瞥，因为据一位英国人证实，山魈"总是用两只脚走路，而且会像人类一样哭泣和呻吟"。而布丰指出，该动物具有狒狒一样的形态，他还称之为"另一种狒狒"。虽然山魈与狒狒分属不同的属，而且只有 2 个品种，但是布丰的这一评论还是正确的。

超强势灵长类动物

山魈是最强壮的猴科动物之一，在来自非洲和亚洲的大型灵长类动物中，只有东非狒狒的体形比它大。雄性山魈重达 54 千克，雌性重约 20 千克。山魈的显著特征是它的鼻子，它的鼻子褶皱、无毛，呈丰富的深粉色和蓝色。山魈超大型的犬齿是其强大的防御武器，也用于显示它在群体中的地位：犬齿越发达，就越能成为斗士、保护者和优秀的繁殖者。山魈属群居动物，一般生活在非洲中西部潮湿的热带森林（喀麦隆、加蓬、刚果）非常受限的地区。

山魈的生活状况可以是一对夫妻，但大多数是占主导地位的雄性统治着大约 20 只雌性及其后代。也有由数百只山魈组成的群体，这时雄性成员之间的等级关系就会变得非常复杂：只要战斗力不减弱，统治者会一直在位，它可以容忍年幼雄性山魈，但会赶走 4 ~ 9 岁的其他亚成体或成年雄性。识别占优势地位的雄性山魈的标志是其猩红色的鼻子，这表明它的雄性激素水平高。山魈以水果、种子、块茎等为食，有时也以草、树叶和蘑菇为食，这些占其食物的 90％，它们的饮食清单中也会有无脊椎动物（蚂蚁、白蚁）。山魈在低矮的地方（离地约 5 米）寻找食物。在食物匮乏的时候，它们也会到种植园觅食。

在自然保护区中

山魈的具体数量鲜为人知。我们只知道自 20 世纪 70 年代中期以来，它们的数量在逐渐减少。森林砍伐可能是山魈数量减少的主要原因之一。山魈肉因其药用特性而闻名，在加蓬的市场标价被抬得相当高，这引发了频繁的偷猎活动。在刚果，该物种已变得非常稀有，有消失的危险。在整体范围内，大多数大型动物群生活在自然保护区中，这也是山魈可以和平生活的地区。

LE MANDRILLE MALE.

鼠负鼠（雄性）

连负鼠

Marmosini sp.

数量庞大的家族

18 世纪时，人们还不能很好地区分不同的鼠类——负鼠或狨属动物，因为它们非常相似。布丰也只区分出了一个物种，后来生物学家又分出 50 多个物种。这项分类研究至今尚未完结，因为我们于 2016 年又发现了来自巴西东南部、巴拉圭和玻利维亚的新物种。我们有时将这些物种归为一个系统类别，并称之为"部落"，其特征名称为"marmosini"。据估计，这群有袋类动物的历史可以追溯到 1630 万 ~ 1550 万年前。这些体形较小的动物生活在适应食虫的特定生态环境中，它们没有太多的竞争对手，因为南美洲没有鼩鼱。它们生活得非常隐蔽，以至于仍有可能发现一些新物种。

有执握力的尾巴

鼠负鼠的体形根据不同个体变化很大，身长 6 ~ 20 厘米，尾巴长 10 ~ 28 厘米，且接近臂部 1/3 处具毛，其余无毛，可以抓握物体。鼠负鼠的耳朵发育良好，没有尖尖的、细长的口鼻（与一般的鼠科动物不同），下颌骨上有 50 颗牙齿。它们的皮毛滑顺如丝，可以有效避免潮气或者寒气的侵袭（对于那些生活在海拔高达 3000 米的鼠负鼠而言）。鼠负鼠的皮毛为浅米灰色（某些物种接近红色），侧腹部为灰白色，覆盖在其口鼻至眼睛的深色"面具"为其物种特色。从墨西哥南部到阿根廷中部，鼠负鼠分布广泛。尽管能够适应退化或边缘的生境，但它们主要还是在森林中生活。有些种类的鼠负鼠为树栖动物，很少到地面上活动；其他种类则表现出更多的混杂趋势，但都是优秀的攀爬者。鼠负鼠行动非常敏捷，它们会捕食昆虫、蜘蛛、蜥蜴、小型鸟类的蛋，也可能捕捉雏鸟，偶尔还会食用水果。一般而言，它们是独居的夜行动物。

不同于其他有袋类动物

鼠负鼠是有袋类动物，但是它们没有育儿袋。这可能是布丰在画雌性鼠负鼠时，想通过一个近似育儿袋的口袋来标明其性别的原因。雌性鼠负鼠没有育儿袋来保护自己的幼崽，它们在怀孕 2 个星期后分娩。像其他有袋类动物一样，出生后的幼崽并没有发育完全，它们仍会附着在母亲的乳头上约一个月，随后移到母亲的背上或紧贴母亲的侧腹。鼠负鼠通常安身于其群落生境中，它们并不是特别稀有，也没有濒临灭绝的迹象。

LA MARMOSE MÂLE.

旱獭

阿尔卑斯旱獭、欧洲旱獭

Marmota marmota

红松鼠的表亲

旱獭是啮齿类动物，也是一种松鼠。确切地说，它与欧亚黄鼠、花栗鼠、美洲草原犬鼠皆为现今松鼠科的典型代表。旱獭为松鼠的"陆地"分支，换句话说，它是好动的红松鼠的表亲。我们所认识的旱獭是在 20 万年前的冰河时期出现在土质疏松的平原上的。由于人类的猎捕，它们在 11000 年前的冰川消融时期逐渐在山上找到了"避难所"。旱獭保留了许多与松鼠相似的特征：骨骼和牙齿，当然还有跳跃移动的技能。这是它们身为树栖动物的后代无可争议的证据。

一群赶不走的宅家者

旱獭，又称为阿尔卑斯旱獭，属西欧特有种，生活在法国和斯洛文尼亚之间，海拔为 1200～3200 米的地区。大多数独立的非高山种群为近来重新引进的结果，如 1948 年在比利牛斯山脉生活的旱獭。

旱獭是群居动物，站哨者会在危险临近时吹口哨发出警告，大伙便潜入最近的洞穴躲避。在高海拔的草原或岩石间光秃秃的草坪和冲积平原中，它们将一部分时间花在地下。任何暴露在阳光下的山坡地底都是它们挖洞的地方。夏季巢穴可以作为旱獭休息的地方；冬季则可以作为居住的地方，从第一次下雪开始，它们便会用草、毛、糅合过的土制作一个不透气的塞子堵住巢穴的入口。冬眠后旱獭会黏在同伴身上，此时它们的新陈代谢急剧减慢，每分钟只呼吸 1～2 次，心律为每分钟 1～30 次（没有冬眠时心律为每分钟 80～220 次），这时它们的其他生物机制可防止血液凝固。3 月下旬到 5 月初，它们会清醒几个小时。冬眠过后它们的体重会减轻 50%，减轻 2.5～3.5 千克。

住在国家公园中

因生活在高海拔地区，故旱獭能远离捕食者的侵扰，极少数的陆生动物能够在夏季短暂的高海拔地区生存并驱赶旱獭。旱獭的脂肪可用于制作药物和化妆品，长期以来，人类为了获得它们的肉、皮毛和脂肪而展开追捕。旱獭这种啮齿类动物只对金雕感到害怕，有时还要防范主要捕食者——狐狸。旱獭栖息于许多国家公园中，每 100 公顷可容纳 80～100 个个体。现今只有生活在斯洛伐克与波兰塔特拉山的支种"*M. m. latirostris*"因栖息地的消失而面临灭绝的威胁。

LA MARMOTTE.

杂种土拨鼠
开普敦狸、岩狸、蹄兔
Procavia capensis

杂种土拨鼠

从远处看，岩狸就像是土拨鼠，这也是1767年前2只到达欧洲的此类生物被叫做"杂种土拨鼠"的原因。它们来自好望角的荷兰殖民地，一只以保存在液体中的标本的形式存在，另一只则是活体。在雕刻版画时，要特别注意它的头抬得很高、后背挺直、鼻子细而尖、耳朵非常圆……即便与印度豚鼠非常相似，但它绝对不是啮齿类动物。

岩狸属蹄兔目，身长约50厘米，重约4千克。它们有很密的短皮毛，颜色可以随着环境改变，以伪装自己。该物种分布在几个不同的区域：一个是南非的一个南端地块，向北延伸至安哥拉和坦桑尼亚南部；另一个是撒哈拉以南地区，从塞内加尔到埃塞俄比亚南部，与大森林接壤；还有一个是中东地块，包括阿拉伯半岛、以色列、约旦和黎巴嫩；肯尼亚山和阿尔及利亚－利比亚的霍加尔山地区也有许多孤立的岩狸群。

脚底有肉垫

如其他蹄兔目动物一样，岩狸前脚有4个趾、后脚有3个趾，脚底的肉垫被分泌物永久浸润，使它们能够以极高的效率黏附在岩石上。它们的每个趾头都有蹄子保护，但只有后趾有爪子。它们高度发达的上门牙具有次要性功能，表示其为群体中最有朝气的雄性之一。

岩狸要花很长的时间在阳光下休息，以促进食物的消化和吸收，这也显示其新陈代谢较慢。它们不是完全恒温的动物，其活跃时间是黎明和黄昏。岩狸是群居动物，一般为25只组成群体生活，它们中的一些个体实行平均主义，互相帮助和理解，使所有成员受益。群体中的雄性会捍卫领地并保护雌性和幼崽。它们的居住领地中有"茅坑"，这是气味的聚集点以及所有成员的身份识别处。

隐蔽性高，但一直都在

岩狸生活在非洲和阿拉伯半岛的干旱多岩石地区。尽管该物种易患流行性传染病，且因医用价值（其排泄物可制成传统药物）而遭到人类捕杀，甚至在某些地区被根除，但该物种仍在不断繁殖（每胎1～6只幼崽）。岩狸性成熟早（约16个月），寿命长（12岁以上），故不被认为是受到威胁的物种，相反，在其生活范围的一部分地区，它们还很昌盛。

LA MARMOTTE DU CAP.

松貂

松貂
Martes martes

石貂？

布丰很了解这种分布在比温带地区更北方的鼬科动物，他说道："在勃艮第的树林里有一些松貂（布丰在蒙巴尔有一块广阔的土地），在枫丹白露的森林中也可以找到一些，但总的来说，在法国，它们和石貂一样稀有。"

的确，这 2 个物种是相像的：相同的梭形身体，毛发浓密的尾巴。然而，两者还是能明确区分开来的：松貂的喉咙上有黄色的"围兜"，而石貂的为白色，且松貂的毛色更深一些。

松貂的分布范围从不列颠群岛的北部（布丰说那里不存在松貂，但毫无疑问，他错了）直到西伯利亚西部，从伊朗和伊拉克的北部往南至土耳其、西班牙、葡萄牙和希腊北部。

居于树洞中

松貂生活在没有石貂的森林中（石貂喜欢空旷的地方，且适应人类活动），不过只要灌木丛足够密实，这种胆小的森林动物也会冒险进入开阔空间。松貂比石貂更精瘦，身长 45 ~ 58 厘米，尾巴长 16 ~ 28 厘米，重约 1.8 千克（石貂重约 2.5 千克），它们行动敏捷，可以在有危险的情况下迅速爬上树。它们将窝安置在树洞里、啄木鸟的老巢中，甚至大型鸟类的巢穴中。雌性松貂会在四五月份生下 4 ~ 5 只幼崽，幼崽在 45 天后断奶，6 个月后能独自生活。松貂主要以田鼠、松鼠、鸟类（特别是黑啄木鸟）或雏禽、无脊椎动物、季节性的浆果等为食。同时，它们会储藏多余的食物。松貂的活动范围很广，这显然是为了寻找更多的食物。一只雄性松貂的活动范围（在芬兰和苏格兰最大为 30 平方千米）与多只雌性松貂的活动范围重叠。野生状态下松貂的寿命不超过 5 岁。

交通事故的受害者

松貂长期以来因其皮毛价值而被猎杀，布丰说："我们为被消耗和猎杀（在北方国家）的松貂数量感到惊讶。不应将其与黑貂或紫貂混为一谈，后者的皮毛更有价值。"

使用先进的手段（雪地车、卡车等）进行的现代狩猎进一步加剧了松貂数量的减少。松貂被认为对小型野禽、雏禽，甚至鸡棚有害，也正是这一原因使它们在不列颠诸岛被铲除了。在法国，松貂已经得到保护，造成其死亡的主要原因是道路交通。如今，主要的保护措施为建立生态走廊，保证松貂可以从一片森林移动到另一片森林或能安全地穿越高速公路。

LA MARTE.

白腹长尾猴

长尾猴、白腹长尾猴
Cercopithecus mona

一个"超级物种"？

在接触过一只被豢养的白腹长尾猴之后，布丰表示它对法兰西岛的气候有足够的适应能力，他推断该物种"不是非洲和南印度群岛的原生种，它被巴巴里、阿拉伯、波斯和亚洲其他地方的古代人所知"。

显然，布丰将白腹长尾猴与别的物种混为一谈，因为白腹长尾猴仅居住在大森林中，主要在尼日利亚、喀麦隆西部、贝宁东部、多哥和加纳。版画里的这只成年白腹长尾猴有部分错误：下半部（包括手臂的内侧）处理得很好，但上半部画得太暗了。

长尾猴属现今涵盖 25 个种类，但有些非常相似。科学家们早就集合了在一个稳定群体内被认为稳定的 6 种毛色，但一个群体并不能组成一类物种，所以，在一段时间内我们认为它们是一个"超级物种"。后来的基因研究阐明了该属，并区分了每个物种。

树林间的喋喋不休

跟其他长尾猴一样，白腹长尾猴多半的时间都待在树上，它们的毛色为灰色与棕色混合，便于伪装，只有手臂的外侧和尾巴的一半是黑色的，但并非全黑。它们的眼睛和鼻子之间有一个三角形色块，像戴了面具一样，并精细地延伸至耳朵，但脸颊和额头是白色的。它们的交流主要以面部表情呈现，但有时也通过皮毛来反映。此外，它们的音色特别丰富。白腹长尾猴总是规律进食：早晨从水果开始，到最热的中午便在树荫下捕食昆虫，最后又以水果结束一天。

不能没有树

白腹长尾猴乐于待在潮湿的森林、河边或泥潭中，尼日河三角洲的红树林是它们的聚集地。它们的手臂很长，手腕和脚踝的关节特别灵活，使它们可以在各种环境中轻松移动。其尾巴（最长可达 80 厘米）比身体（42 ~ 55 厘米，取决于性别）更长，利于它们在树上保持平衡。白腹长尾猴具有较强的适应能力，它们经常待在退化或开阔的森林，但较少在有树木的疏林草原活动。直至今日，白腹长尾猴依然很普遍，除受栖息地减少和当地狩猎等影响外，似乎并没有什么特别的危机。

LA MÔNE.

海象

海象

Odobenus rosmarus

一只有海豹外形的海象

林奈在 1758 年曾描述道，海象在西欧被人们认识已久。而布丰常提到的生物学家康拉德·格斯纳（Conrad Gessner，1516—1565）在 1558 年提及海象时赋予了它些许传奇生物的特征。布丰的版画看起来很准确，但仍有一些错误：海象看起来像是带有牙的海豹，它的头画得太小了，脖子太细，纺锤形的身体不够明显，前腿也太细了……很显然，画师从未见过海象。法语中的"morse"（海象）一词其实是布丰自己强加的，在撒克逊和北欧语言中，人们称之为"walrus"，它是中世纪斯堪的纳维亚语的动物名称，是 7 世纪至 11 世纪维京人的语言。

麻烦来点冰块

海象是一种体形非常庞大的动物：雄性重约 2 吨，身长约 3.6 米；雌性重 600 ～ 800 千克，身长约 3.1 米。不同亚种之间存在差异：大西洋海象体形小于太平洋海象。一般情况下一个聚居地可以有数千只海象，它们相互紧靠以保持身体的热量。除繁殖季节外，海象大多数时候生活在相同年龄或相同性别的群体中，雄性更愿意在海滩或多岩石的海岸上度过夏天，雌性则倾向于与年幼海象一同北移，待在海上或浮冰上。海象每 3 年生产 1 胎，但它们的长寿命（约 40 岁）可以抵消其低出生率。年幼海象断奶后会继续与海象群待在一起，数年后才自力更生。

海象是大陆架浅水区的生物，可潜入约 80 米深的水域（最深可达 130 米），持续 10 分钟（最长 30 分钟），以其强韧的触须寻找双壳贝类，捕食之后，回到浮冰或陆地上，并以此作为下一次捕食的起点。有人见过海象用自己的巨牙在冰上攀爬，这也影响了它学名的制定——*Odobenus*，意思是"用牙齿行走的动物"。

未知的未来

海象牙早已为北方海洋人民所熟知，这导致海象被持续地猎杀。维京人用海象牙做棋子，如图勒文明（5 世纪至 8 世纪）的动物图案或拟人小雕像。从 20 世纪 70 年代起，人们采取了严格的保护措施，杜绝过度猎杀海象。如今，大西洋海象的数量有 25000 多只，相比之前略有增加；太平洋地区的则超过 20 万只。如今全球变暖和冰层融化已开始影响海象的生存环境，我们难以推断海象的命运。

LE MORSE.

盘羊

欧洲盘羊、地中海盘羊

Ovis orientalis

具争议性的来源

我们不知道此处作为绘画模型的标本来自何处，但这是一只在地中海和中东沿岸栖息的盘羊，大约 150 万年前，该物种与亚洲盘羊分家。欧洲和西亚的这个分支也称为"54 条染色体"（中亚的有 58 条染色体）。在距今 8500 年前的新石器时代，中东盘羊已被驯化，接着是 7000 年前的西欧盘羊。人类对盘羊的豢养始于距今 5000 ~ 4000 年前，起初是为了获得它们的肉，之后则增加了羊奶和羊毛。

距今约 8000 年前，盘羊被引入科西嘉岛和撒丁岛，现在的科西嘉岛盘羊就是远方绵羊后代回归野外的品种，它保留了其祖先原本的形态和表型。但是，两者并非同一个正式物种，而是在岛屿上进化至今的同一种群，它们没有与其他生物进行基因交换。科西嘉岛的盘羊有时被视为盘羊或绵羊的一个亚种，如同一个特殊变体形式。

和蔼可亲的动物

最适宜盘羊的生物群落界于野生山羊和高地山羊或羚羊之间：地形陡峭、多荆棘且长年较干旱的中海拔地区。它们会建构并占据一个比较特殊的生态位。虽然盘羊的攀爬能力不及山羊或羚羊，但它们行动敏捷，速度更快，能够在平坦的地面飞速奔驰（每小时 60 千米）。但在雪地里，盘羊行动迟缓，它们害怕寒冷和潮湿，故严冬时会往山谷中移动。

盘羊的皮毛如一袭优雅的袍，由白色、黑色与暖棕色调和，羊毛浓密，充满空气感且粗糙蓬乱。盘羊体形小，肩高 90 厘米，身长 1 ~ 1.3 米，体重可达 50 千克。雄性头上会长角，在头顶向外弯曲至后方，最长可达 85 厘米，并有细环圈；一些雌性也会长角，但较小，短且扁平。盘羊眼距较宽，分布于鼻子两侧，视野范围较广，这也让它们看起来比较温顺。

不一样的命运

盘羊已经被引入许多地区了，法国于 19 世纪在萨瓦进行生态放养，并在 1950 年至 1960 年再次实行豢养，主要作为野味。高山盘羊数以千计，但在科西嘉岛，豢养盘羊的数量仅为 500 只。引入计划在鲁埃格、科斯、比利牛斯、马尔康泰尔、索姆湾和比利时都相当成功。但在夏威夷，盘羊对人工林造成了极大的破坏，另外，在凯尔盖朗群岛（法国最远的领土）的盘羊定居点威胁了特有和稀有植物的生存，故有必要将其彻底清除。

LE MOUFFLON.

水栖鼩鼱

水鼩鼱
Neomys fodiens

道本顿的发现

这回可不是布丰发现的鼩鼱，而是道本顿。在《自然史》中，布丰向最亲密的合作者兼内阁看守者（负责保存国王的藏品）致敬。

通过和几个物种比较，道本顿发现了这个新品种——鼩鼱。1777 年，林奈命名系统的支持者将其命名为 "*Sorex daubentoni*"（道本顿鼩鼱），向道本顿致敬。1829 年又将其命名为 "*Neomys*"（水鼩鼱属），因其牙齿和生物学特征，水鼩鼱成了一个新种类。但反对林奈命名系统的布丰更喜欢用 "musaraigne① d'eau"（水栖鼩鼱）这个名字，因为它完美地表达了这种动物的生活方式。

一半在水里

水鼩鼱身长 12 ~ 16.5 厘米（包含 5 ~ 7 厘米的尾巴），重 20 ~ 23 克，是法国乃至欧洲最大的鼩鼱；树鼩鼱体形较小，如南高加索种；两者一起组成鼩鼱属。水鼩鼱的皮毛背部为深色、腹部为白色，属于"红牙"鼩鼱之一，其门牙和犬齿的末端为淡红色，那是赤铁矿———种能增强牙釉质并有效研磨食物的色素。

水鼩鼱生活在北半球，涵盖温带及其以北的气候区，其生物群落非常特殊。它们会搜寻沟渠、溪流、小河、有岸池塘（岸高不超过 1.5 米）和高草。水鼩鼱会在岸边介于湿地和旱地之间的区域挖洞，并以此作为幼崽的庇护所和住所。它们经常藏身于水质纯净的地方，通过潜水或在周围的水草中搜寻捕捉钩虾和水生昆虫的幼虫。它们每天要吃掉自己体重一半的食物，并在定居点附近（距离约 100 米，最大面积为 500 平方米）觅食。但它们也算是一种"游牧型"动物，如果一个地区已经不再适合生存，它们就会"搬家"。

环境探测员

水鼩鼱遍布整个温带的欧洲和北欧地区、俄罗斯以及库页岛，生活在西部范围的水鼩鼱是湿地生态环境遭到破坏的受害者——水污染是限制其扩张的一个因素。这种生物非常谨慎，以至于我们很难对其数量有一个清晰的认识。唯一可以确认的是，在草原地区和北方地区，其种群比其他地方的更加分散，它们的存在是水质和环境优良度无可争议的指标。

---

① 译者注：musaraigne 一词源自拉丁文 "musaraneus"，"mus" 意指鼠类；"araneus" 意指蜘蛛。因为水鼩鼱的叮咬曾经被认为像蜘蛛一样有毒，故以此延伸。

LA MUSARAIGNE D'EAU.

原麝

鼷鹿麝、西伯利亚麝

Moschus moschiferus

非鹿科生物

这是一种罕见的有蹄类动物：体形小，犬齿突出。布丰认为它是一种模棱两可的动物，并将它与赤鹿、西方狍、山羌、瞪羚做对比。虽然经过了很多的比较和论证，但他仍然无法做出更好的判定，因而称其为"麝香动物"。即便如此，布丰对该动物的呈现还是相当好的。

原麝属于麝科家族，其所属的 7 个物种很可能是 2300 万年前消失的有蹄类动物古代家族的最后代表。虽说人们将原麝与鹿进行了比较，但是基因研究显示原麝更接近牛。

麝科动物的体形很小，可以潜入寒冷的森林。它们的头上没有角，可避免被低矮的灌木丛勾到，其长长的犬齿与鹿角具有相同的功能：能快速识别其繁殖能力。原麝没有泪腺（赤鹿类的内眦），但有尾腺，还有一对乳房，雄性的麝香腺为其显著特征。布丰很可能刻画了西伯利亚麝，它是分布最广的一种，且是当时唯一已知的一种。另外 3 种在 1829 年至 1982 年被提出或刻画。

以苔藓为食

顾名思义，西伯利亚麝生活在西伯利亚，中国北部、西北部以及整个朝鲜半岛也有它们的踪迹。它们的 5 个亚种占据了中海拔（平均 1600 米）的森林和岩石生物群落。它们是"素食主义者"，食用近 130 种植物。

原麝以苔藓为食，这也是它们可以征服针叶林的原因。然而在夏季，它们更喜欢新鲜的草。它们的体形很小（肩高约 55 厘米，重 15 ~ 18 千克），能轻易地在黄昏或黎明潜行。它们的后肢长于前肢，提示其是卓越的跳跃者，而非步行者或奔跑者。白天，它们会在草丛中的凹陷处或低矮的针叶树下休息。雄性原麝会长出犬齿，且终年生长，长度约 10 厘米。

麝香腺体值千金

原麝以麝腺分泌的激素标示领地，这也导致它们无法摆脱追捕。几千年来，原麝一直保有麝腺分泌物（每腺约 25 克），也就是著名的麝香。麝香应用于阿育吠陀（印度教及佛教的传统医学）已超过 5000 年。同时，麝香也是香水的首选用材，在公元前 6 世纪至 1979 年被用作香水的固定剂。原麝一直受到保护，然而这并不能阻止人类频繁地偷猎。好在那些难以到达的生物群落为该物种的生存提供了屏障。如今，在俄罗斯和中国建立的繁殖农场有助于原麝的保护，并可能拯救其野生种群。

LE MUSC.

榛睡鼠
黄金鼠
Muscardinus avellanarius

如黑宝石般的双眼

这只啮齿类动物是睡鼠科家族中最小的成员，布丰说："这是所有鼠类中比较好看的，它眼睛明亮、尾巴浓密、毛色鲜明。"但是，这幅版画并没有将榛睡鼠的特点显现出来：它似乎太胖了，难道是因为它的眼睛太小了？实际上，榛睡鼠的眼睛很大，就像柔滑的皮毛中间镶着黑色的宝石。

像小老鼠一样

这种夜行小老鼠身长6～8厘米，尾巴与身体几乎等长。它们的皮毛是金红色的，腹部的颜色较亮。它们有长长的触须、羽状的尾巴、很长的脚掌和可以抓紧树枝和枝叶的指甲。得益于榛睡鼠"肌腱自锁"的特点，它们的前肢能90°旋转，使得四肢可以紧紧地扣住树枝。总之，它们的身体构造完美地契合了其所处的群落生境。

榛睡鼠分散在欧洲的温带地区直至俄罗斯，但活动范围受冬季温度的影响。如其他睡鼠家族动物一样，榛睡鼠也需要冬眠。秋天，它们会在堆积的干树叶底下造窝，并在那里待6～7个月。夏天，它们会在荆棘丛与落叶林的灌木丛中筑巢，但较少在针叶林或混交林中安家。榛睡鼠会在巢里养育2～7只幼鼠，幼鼠出生15天后断奶，随后会像其他成员一样摘采果实，吃肉和虫子。

脆弱的生物

许多8月和9月出生的幼鼠会在第一个冬天死亡，生活经验不足常常是主要原因，在这个年龄段，幼鼠的死亡率高达84%。在冬眠期间醒来也是其死亡的原因之一，因为这会消耗榛睡鼠大量的能量，而此时它们的天敌（狐狸和野猪）会寻找它们的巢穴，在没有雪的冬天，它们更容易被发现和捕捉。

榛睡鼠需要稳定的环境，然而现代密集的农业和城市化发展破坏了它们的群落生境，尤其是在德国、荷兰、瑞典和丹麦，它们变得很稀有。我们在卢瓦尔河以北的法国也发现了同样的现象，但在法国，该物种在40年前还是很常见的。在立陶宛，人们对榛睡鼠的研究较多，那里每公顷10只的密度被认为是榛睡鼠生活的最佳状态。

LE MUSCARDIN.

虎猫（雄性）

美洲豹猫

Leopardus pardalis

到达巴黎的一对虎猫

1764 年 9 月，一对虎猫到达巴黎，布丰提到："虎猫是一种美洲动物，性情凶猛且食肉，必须将它与美洲豹、美洲狮分开或置于它们之后，因为虎猫会基于它们之间天性、外形的相似度而靠近美洲豹和美洲狮。"毫无疑问，这幅版画是基于这 2 种动物完成的。

必要的伪装

虎猫属猫科动物，又称"斑点虎"，分布于阿根廷北部至美国西南部。虽然我们已经很少在更北方的栖息地看到它们，但它们在南美洲依然是常见的。虎猫在热带雨林中分布广泛：巴西大约有 4 万只成年虎猫。在阿根廷，虎猫仅待在亚热带地区，由于盗猎，仅有约 8000 只。而在美国（得克萨斯州），虎猫正面临危机，根据 2014 年的统计，得克萨斯州仅存 80 只。我们预估，2018 年全球虎猫总数为 80 万 ~ 150 万只。

雄性虎猫与雌性虎猫的体色相同，外观典型：斑点外围环有黑色宽带，形状不规则且密集，遮盖了大部分的底色，延伸至腹部后两色转为白色。头部的斑点分布至颈背，使得大多痕迹、条纹、污渍都能成为其伪装道具。虎猫主要以啮齿类动物为食，如老鼠、刺豚鼠等，另外还有鸟类、爬行类、鱼类和猴子、小鹿、犰狳、食蚁兽、陆地蟹……虎猫是夜行动物，它们会在晚上或黎明时捕食，白天则待在树上休息。

由国际组织保护

虎猫因其皮毛的特殊性而遭到猎杀。1950 年至 1970 年，每年虎猫皮毛的交易量为 20 万张，国际相关保护组织于 1976 年终止了这一市场。现今，秘鲁某些地区仍允许狩猎虎猫，也有类似虎猫攻击鸡舍后遭到射杀等情况。虽盗猎情况持续存在，但较先前少。一般情况下，虎猫会生活在保护区内，这有助于它们的长期发展。

L'OCELOT MÂLE.

雪豹

雪豹

Panthera uncia

美丽的错误

关于雪豹，布丰显然感到困惑："这种动物似乎比豹的种类更多，分布更广。它们在巴巴里（摩洛哥－利比亚）、阿拉伯和亚洲南部地区都很常见。"这个描述相当奇怪，因为我们知道，布丰在1761年才第一次把雪豹介绍到欧洲。尽管如此，这幅版画仍然是一流且准确的。雪豹源自"lynx"（猞猁）一词，该词在中世纪演变为"lonza"，意思是猫科动物，后来演变为"lonce"，而后字母"l"被当成介系词省去变成"once"。雪豹至今仅包含一个物种。

高山猫科动物

这种斑点猫科动物体形中等：身长86～125厘米，尾巴长80～105厘米，重达55千克，广泛分布于12个中亚国家的最高山脉。它们能适应海拔5500米以上的岩石高山生境，不过有时也会在海拔900～1500米的蒙古戈壁沙漠活动。

雪豹的脚掌末端非常宽阔，肉垫上有毛，这利于它们在雪地里行走并适应高山环境。它们的尾巴很长且饱满，可以保持身体平衡，帮助它们在陡峭区域行走或抵御暴风雪。雪豹的鼻腔比其他猫科动物的大，有助于它们在氧气稀薄的环境中呼吸。

雪豹主要以有蹄类动物为食，如西伯利亚高地山羊、羚羊、野牛或螺角山羊等。夏季，它们主要捕食土拨鼠、野兔、鼠兔、山鹑和雪鸡等，同时也食用大量植物（最多占其排泄物的50%）。雪豹的活动范围取决于其猎物密度，范围为12～400平方千米，它们每天最多可以移动28千米。雌性雪豹一胎可产下2～3只幼崽，幼崽在2～3个月后断奶，但10个月后才能独立生活。

真正的稀有品种

人类对雪豹皮毛的需求是造成其消亡的主要原因：在20世纪80年代之前，每年因皮毛价值而被猎杀的雪豹约有1000只。如今，为了满足仍然活跃的皮毛市场，偷猎仍在继续。除皮毛外，雪豹还因其骨头的特殊用途而被猎杀，这些骨头被应用于一些传统的医学疗法。

像其他动物一样，雪豹在繁殖期也常被毒害、诱捕和猎杀。如今，在它们的整个分布区域中有4000～6500只雪豹，但这也威胁着它们的遗传多样性。人工养育的雪豹的繁殖能力非常好，以至于必须加以控制，我们从1993年的588只控制到2008年的445只。虽然如此，我们仍然无法将雪豹重新引回野外环境中。

L'ONCE.

麝香鼠

麝鼠

Ondatra zibethicus

唯一的幸存者

"麝鼠和比利牛斯山脉鼩鼹是2种不同的动物，尽管两者皆被称为麝香鼠，又具有一些共同特征，但不应该混为一谈，而且应与安的列斯巨稻鼠区分开来。"布丰在他的《四足动物史》中将这3个物种一并讲解。他的做法是正确的，因为麝鼠和安的列斯巨稻鼠都为啮齿类动物，而比利牛斯山脉鼩鼹是食虫类动物，与鼹鼠更为相近。然而，版画中的麝鼠似乎太像老鼠了，口鼻太尖，毛色太灰太黑，实际上麝鼠的毛色应是棕色的。

现今，麝鼠是唯一一种被称为麝香鼠的动物，也是唯一度过史前时期且幸存的麝鼠属的5种成员之一。它的名称反映出它能在繁殖期散发出气味浓厚的麝香以吸引异性。

涉足水中

除加拿大外，麝鼠还生活在美国北部至西南部（除了气候寒冷的阿拉斯加北部）及南部各州的干旱地区。它们能适应水生环境，池塘和湖泊的死水区或大河的慢流处都有它们的踪迹。特别的是，麝鼠会利用植物来建造巢穴，这个习性和海狸一样，以致两者常被混淆。为了觅食或逃避捕食者，麝鼠成了很好的潜水健将，它们能在水里潜游15分钟。麝鼠本质上是"素食主义者"，常食用灯芯草、芦苇、香蒲、藜草或其他漂浮植物等，但有时也会食用小型甲壳类动物或两栖类动物，或采食农作物（甜菜或玉米）。麝鼠多产，雌性一年可以孕育3胎，每胎产下6～7只幼崽，幼崽几个月内就可以达到成年麝鼠的体形（身长50～60厘米，其中尾巴长20～25厘米，重2.5千克）。

蔓延的麝鼠

在布丰生活的时代，麝鼠的皮毛就已经相当有名，因此它们被引进到许多北欧国家。在法国，第一批麝鼠饲养场建于1933年，但在饲养过程中有些麝鼠逃脱了，并很快在当地扎根，如1959年的布列塔尼，到1983年，它们扩散至整个法国。中欧其他牧区的麝鼠数量也在陆续增加，并扩散至整个欧亚大陆温带地区和西伯利亚地区，包括库页岛在内。

麝鼠的这种扩张具有物质（削弱堤岸和堤防）、环境（植物被其他草本物种替代、改变池塘生态环境）和健康（许多疾病的传播者，例如绦虫病、双盘吸虫病、肺棘球蚴病）上的不利影响。如今，麝鼠正被法国多个地区列为有害生物。

L'ONDATRA.

大耳蝠

赤大耳蝠、灰色大耳蝠、阿尔卑斯大耳蝠、高山大耳蝠
Plecotus sp.

未完成的名单

布丰写道："先前我们的博物学家只知道2种蝙蝠，但道本顿发现了其他5种已经适应地球气候的蝙蝠。这7个物种区别很大，前2种是常见的蝙蝠；后5种是大耳蝙蝠，我们称之为大耳蝠。"

布丰的结论离事实还很遥远，因为如今法国有34种蝙蝠，其中有3种是大耳蝠。但是布丰也提到：这类物种非常相似，我们必须依靠生物特征来识别或者用牙齿或基因技术来区分。此外，直到1960年才出现关于灰色大耳蝠的纪录，而2002年才有高山大耳蝠的相关纪录。在此，布丰纪录的可能是灰色大耳蝠，它比赤大耳蝠居于更南方。

这幅版画呈现的是一只黑面蝙蝠，这是它与其他众多蝙蝠区分的标志。高山大耳蝠居于法国阿尔卑斯山、比利牛斯山以及科西嘉岛，与其他2种蝙蝠的分布范围重叠。

独自冬眠

与它们的近亲一样，灰色大耳蝠属于翼手目蝙蝠科，其下有300多个种，几乎遍及全世界。大耳蝠属包含8个种，全部来自欧亚大陆。而我们看到的灰色大耳蝠为欧洲（法国、波兰和比利时）特有种，它们的领地一直延伸到地中海西部、科西嘉岛和撒丁岛。这种动物体形中等：身长4.1～5.8厘米，翼展24～30厘米，重6～14克，耳朵长3.1～4.1厘米（几乎与身体等长）。灰色大耳蝠经常出现在开阔的林地（可覆盖75公顷土地），如乡村、郊区绿地、平原、小山谷地等。它们会在飞行时捕捉看中的猎物，有时也在灌木丛中觅食。如所有小蝙蝠亚目物种一样，它们能利用巨大的耳朵，通过回声定位。灰色大耳蝠的寿命为5～9岁，这对于每晚进食量几乎相当于自身体重的物种来说，已经很不错了。夏季，它们会聚集在阁楼、钟楼（北方）或悬崖裂缝（南方）中繁殖；冬天，则独自待在矿山、古老的军事基地、洞穴和地窖里冬眠。

长驻固定据点

灰色大耳蝠忠诚于自己的家园和过冬地点，雌性也会待在其繁殖地。它们在法国分布广泛，不算是濒临灭绝的生物。不过，建筑化学品、阁楼的防鸽铁丝网、农业杀虫剂等确实有碍其发展。

L'OREILLAR,

狮尾猴

狮尾猕猴、森林猕猴
Macaca silenus

似真非真的讹误

布丰断言，狮尾猴原产于锡兰（今斯里兰卡），它与 "lowando" 一起组成一个种类。实际上，狮尾猴居于印度西部的高止山脉，是当地的特有种，而 "lowando" 其实是阿拉伯狒狒，栖息于非洲之角（位于非洲东北部）和红海沿岸。尽管如此，这幅版画仍完美地呈现了这种动物，包括它懒散的姿态，这在某些灵长类动物中经常见到。

群居动物

狮尾猴是体形最小的猕猴之一，身长 40 ~ 61 厘米，尾巴长 24 ~ 38 厘米，雄性重 5 ~ 10 千克，雌性重 3 ~ 6 千克。它们的毛色很黑，尾巴上只有一缕毛，其光滑的深色面孔周围有均匀的浅色鬃毛。

与许多灵长类动物一样，狮尾猴也是群居动物。但是，该群体是根据其群落生境来构建的，在大型森林中，一个群落有 10 ~ 20 只，它们由一只雄性领导，该雄性管控 6 ~ 7 只雌性以及上一个季节出生的幼崽和亚成体猴子。在零散的栖息地中，狮尾猴群最多可以有 4 只雄性和 60 多名其他成员。

狮尾猴主要以常绿森林冠层的花、叶和果实为食，有时也会捕食小型啮齿类动物、昆虫和蜥蜴等。它们会在白天快速收集好食物，一旦遇到危险，它们会将食物存放在腮帮子里，然后逃到一个安静的地方进食。

濒临灭绝的生物？

狮尾猴是 47 种猕猴亚种中最濒危的一种。据估计，它们在野外的实际数量不到 4000 只，其中只有 2500 只处于适合繁殖的年龄。它们受到的威胁主要是森林砍伐，因为这破坏了它们的生态廊道。它们尚且可以在茶树和小豆蔻种植园附近的退化森林中生活，而咖啡种植园则不行。人类的猎杀活动也使狮尾猴处于严重危机之中。如今，一些动物园已经开始实施狮尾猴的人工繁殖计划，以便重新将其引入野外环境中，其中包括法国国家自然历史博物馆的饲养场。

OUANDEROU.

棕熊

棕熊、欧洲棕熊
Ursus arctos

无人不知的动物

通过这幅版画，布丰呈现了这种敦厚的动物在山间的风貌。在某些著作中，该动物被称为"阿尔卑斯山棕熊"，由此我们可以得出结论：即使生物学家声称其"相当普遍"时，我们还能发现它们的踪影，但在 18 世纪的法国，棕熊已经非常罕见了。然而，棕熊在许多地名上留下了痕迹，从伊泽尔省的奥西耶谷（Combe Oursière），经多姆山省的奥辛（Orcine），到上阿尔卑斯省的奥西耶（Orcières）皆有"熊"（ours）的痕迹；另外还有伊勒－维莱讷省的迪纳尔（Dinard）和莫尔比昂省的普洛莫尔（Ploërmel），这 2 个地名皆有凯尔特人的"弓"（arz）的痕迹，这与熊的字根相关。

小熊、大熊

棕熊无疑是最著名且人类研究最多的食肉动物之一。它有 16 个分支，栖息于欧亚大陆，直至伊朗西北部，以及北美洲。然而，尽管有定期的重新引入计划（如在比利牛斯山脉引入），但在远离其普遍分布地的西欧、西南亚与中亚的棕熊似乎注定要消亡。这种广泛的分布现象也显示了棕熊不同种群之间的显著的生物统计学差异：最大型的科迪亚克棕熊为阿拉斯加和邻近岛屿的一个支种，身长 1.6 ~ 2.8 米，重 135 ~ 725 千克；无论在哪个区域，雌性体形总比雄性小，雌性最重为 277 千克。

棕熊是独行的夜行动物，然而在初秋时，生活在北美和阿拉斯加沿海的棕熊例外。这时它们会忍受同类的存在，并一同捕食河里跃起的鲑鱼。这也是它们最佳的捕食季节，此时它们会快速地堆积体内脂肪（其体重在夏季末和秋季初约为 200 千克），为冬眠做准备。然而，棕熊其实并不是真正意义上的冬眠动物，它们只是在冬季时睡更多的懒觉，具体情况取决于其居住地的纬度。雄性棕熊有时会杀害其他年幼的棕熊（这种现象在狮群中也很常见），以表明拒绝竞争对手：通过杀死另一窝年幼的棕熊以表示它是特殊的统治者。

受到欧盟的庇护

尽管棕熊已经从许多地区消失了（例如北非），但它们在全球的存量依然很多，约有 20 万只。在欧洲的 22 个国家偶尔能发现它们的踪迹。有些棕熊，如 1937 年在法国的韦尔科尔观察到的最后一批生活于野外的棕熊，只能依靠人为的保护。然而，棕熊的存在不仅引发了生态问题，还造成了社会问题：传统的畜牧业从业者是棕熊的主要反对者。不过，在整个欧盟地区，受到保护的棕熊可能尚未引发此类争议。

L'OURS BRUN.

海熊

白熊、北极熊
Ursus maritimus

名字说明了一切

北极熊是陆地上大型的食肉动物之一，排在棕熊前面。布丰称它为"海熊"是为了和"陆地熊"区分。在布丰看来，"白熊"一词似乎并不准确，因为他声称曾见过有着较明亮毛色的俄罗斯棕熊。后来，其英文名字"polar bear"结束了这场辩论，"polar bear"更偏向于体现北极熊生活的气候特点。

"北极熊"这一称呼确实完美地定义了它，并将其与其他物种区分开来。版画立足于 18 世纪对该物种的认识，呈现了北极熊以海豹为食的画面。布丰可能想凸显猎物和捕食者之间的不平等关系，因此他坚持将北极熊口鼻的长度显现出来。

冰冻的环境

与其他熊不同，北极熊几乎完全是吃肉的，因为它们生活的环境中几乎没有植物。由于无法在开阔的水域中捕猎，因此北极熊只能依靠浮冰或冰山来捕获不同种类的海豹，并在整个北极地区觅食。必要时，它们也可以捕猎小海象，搭配海鸟、小型啮齿类动物（旅鼠）、鱼等为食，但这样的饮食撑不了多长时间，而唯有海豹的肉才可以为它们提供所需的脂肪。北极熊通常独自行动，但会与别的动物共享搁浅的大型鲸类动物的尸身。

雄性北极熊非常庞大有力，身长可达 2.85 米，重达 655 千克（雌性身长约 2.47 米，重约 450 千克）。它们的身体构造非常适合游泳：头部细长，皮毛非常细致且疏水性好，同时它们还有厚厚的脂肪层以抵御冰水和北极风。北极熊的皮毛常年雪白并泛淡黄色光泽，不会脱落，但会定期更新。北极熊能在浮冰间移动，故它们的活动范围很广：在海岸和大陆上超过 5 万平方千米；而在流冰上觅食时，它们的活动范围可以达到近 60 万平方千米。除此之外，北极熊耐力极佳，以雌性为例，它们能在 232 小时内连续游动并奔走约 700 千米。北极熊平均每天行走 50 千米或在 2 ~ 6℃的水中游 25 ~ 40 千米。

气候干扰

如今，全球北极熊的数量估计为 20000 ~ 25000 只，它们的主要生存威胁是全球变暖，包括冰块融化、海水局部变暖、水流改变、食物链中营养资源的分布改变……我们观察到，这些变化导致北极熊的行为发生变化，它们在哈得孙湾频繁发生冲突。

虽然北极熊在北极沿岸的 5 个国家受到了保护，但是加拿大还允许猎捕北极熊（每年近 500 只，主要用于因纽特人的传统仪式）。此外，在俄罗斯，北极熊也会受到偷猎的伤害。

LOURS DE MER.

刺豚鼠

刺豚鼠、刺豚驼鼠

Cuniculus paca

大型啮齿类动物

据布丰所述："刺豚鼠是一种来自新大陆的动物，它像兔子一样穴居，经常被拿来与兔子做比较。"科学家将其命名为"刺豚驼鼠"，以提醒人们这种大型啮齿类动物与成功在中美洲和南美洲发展的另一支家族有血缘关系。刺豚驼鼠是一种啮齿类动物，它们的后腿很长。布丰更喜欢巴西人给它们起的名字——"帕卡"（Paca）。

1774 年 8 月，布丰在卡宴（Cayenne）还曾见过这种动物。我们从他的书中得知，他一直照顾这只刺豚鼠到 1775 年 5 月，即他画刺豚鼠的时间，他还表示，在这段时间内这只动物一直没有停止进食和生长。正因如此，这幅版画才这么栩栩如生。

栖息于潮湿森林

刺豚鼠遍布于中美洲和南美洲，从墨西哥东南部到巴西南部（东北部除外）、巴拉圭北部以及特立尼达和多巴哥。与此同时，刺豚鼠也被引入古巴和阿尔及利亚。成年刺豚鼠身长 61 ~ 77.5 厘米，重 5 ~ 13 千克。我们能通过其深棕色或栗色的底色以及一系列大白点来识别它们。刺豚鼠身上的图纹像极了小赤鹿或小西方狍身上的，这种图纹能帮助其隐藏在茂密的灌木丛中或光线暗的地方。事实上，只要足够湿润，它们能生活在多种不同类型的森林中。它们喜欢河岸、沼泽、水潭或小池塘边等可以挖洞的地方。但是适合它们生活的群落生境容易引发疾病，使它们受到利什曼原虫病和锥虫病（嗜睡病）的影响。当然我们也可以在海拔近 3000 米的地方遇见它们。

刺豚鼠是独行的夜行者，很少成对出现。它们吃果实，也散播种子，从而促进森林的再生。刺豚鼠的分布密度为每平方千米 25 ~ 70 只，这取决于当地的食物量及其挖掘洞穴的能力。刺豚鼠可以整年繁殖，雌性一年可以怀胎 1 ~ 3 次，妊娠期约 6 个月，一胎生产 1 只幼崽。

肉质鲜嫩

布丰曾将刺豚鼠鲜嫩的肉质与小牛肉做对比。自 18 世纪以来，刺豚鼠的境遇并没有改变，过度捕猎使它们从一部分自然栖息地消失了。人们通常在夜间猎捕刺豚鼠，特别是当它们离开洞穴时，因为除了夜晚，其他时候很难让它们离开洞穴。有人曾尝试圈养刺豚鼠，但都失败了。虽然刺豚鼠还不存在消失的风险，但为了防止其灭绝，自 1996 年起，国际上的一些保护组织就采取了一些保护措施。洪都拉斯早在 1987 年就立法对刺豚鼠进行了保护。

LE PACA.

豹（雄性）

花豹、金钱豹
Panthera pardus

斑点猫科：问题的根源

布丰为什么要将雄豹与雌豹进行区分？事实上，他在探讨这种猫科动物时似乎有些困惑：在《四足动物史》中，有一篇名为《花豹、雪豹与金钱豹》的文章描述了斑点猫科动物的几种形式，但文章中没有清楚地辨别或定义它们。有些人认为布丰把美洲虎和豹相提并论，而有些人则认为他描述了如今定义和命名为非洲豹的亚种。豹应作为一个群体，而不是单个物种，然而布丰的版画也无法厘清这种复杂的状况，因为他的雌豹版画毫无疑问是一只美洲虎。"斑点猫科"肯定是问题的根源，甚至是长期以来布丰的困惑所在。

有大有小

在已知的猫科动物中，花豹可能是分布最广的，非洲南部、东部和中部（西部较少）和亚洲大部分地区都有花豹的身影。北非、中东和俄罗斯亦有花豹的踪迹。其生物群落分布也很多样化，从冬季寒冷的西伯利亚北方森林（−30℃）至夏季温度为60℃的东非沙漠都有。比起灌木丛，这种猫科动物更喜欢开阔的大草原和树木繁茂的森林，这种差距会产生极大的外形特征差异：身长95～191厘米，重17～90千克（雄性、雌性皆有）。它们中最小的个体生活在中东和南非的开普敦桌山中，其中雄性重约31千克，雌性重约21千克。花豹的饮食由15～80千克重的有蹄类动物组成，除了大型哺乳动物，如大羚羊（重达900千克），它们也会食用节肢动物。当然，作为猫科动物，它们也不会错过鸟类、牛或其他食肉动物。其活动范围根据猎物的密度而变化，例如，在肯尼亚的察沃国家公园为5.6平方千米，而在卡拉哈里沙漠则为2750平方千米。另外，关于其北部种群——远东豹亚种和华北豹亚种（分布于俄罗斯、中国、朝鲜）的饮食习惯我们知之甚少。

拯救心爱的花豹

花豹对人为的变迁适应良好。这种特殊性无疑使它们成为人类活动长期的受害者。在古罗马时期，花豹为古罗马运动会使用的野生动物，后来成为贵族饲养的宠物，至18世纪成为贵族饲养的活体标本。这些抓捕逐渐耗尽了非洲和中东地区的花豹，更别提1930年至1970年使用这种猫科动物的皮毛做皮草的西方国家了。

尽管国际保护组织采取了一系列措施，但有些人仍为了保护牲畜而偷猎或宰杀花豹。据估计，在过去的20多年中，非洲的花豹数量减少了40%；亚洲的则更甚，我们甚至可以推测，花豹（远东豹，目前野生状态下仅有60只）将在数年后从中国北方消失。

LAPANTHERE MALE.

东非狒狒

橄榄狒狒
Papio anubis

"异常的淫荡"

如果有大型狒狒，那一定也会有小型狒狒。我们现在所知道的狒狒有两类：几内亚狒狒和橄榄（或"doguera"）狒狒。据布丰所言，这些灵长类动物"看起来像凶猛的野兽，且确实如此"，他还强调说它们丑陋且"异常的淫荡"。这些狒狒显然没有得到布丰的喜爱。是不是自中世纪以来有关欧洲猴子的不良声誉影响了布丰的言论？

法语"babouin"（狒狒）一词可能源自"bab"（念的时候嘴唇会动）。从 13 世纪开始，这个词指的是嘴唇突出的猴子。而学名狒狒属（*Papio*）源自拉丁文的"papio"，经过多次修改后变成"baba""babion"和"baboon"。

版画中，通过正面姿势，布丰呈现了它的长口鼻。橄榄狒狒为猴科下的狒狒属，由 5 个物种组成，这也是该族群的土著名字之一。版画中，这只狒狒的尾巴特别短，不知道是不是被画短了。尽管如此，短尾仍是该物种的重要特征之一。

身强体壮但不太好看的物种

橄榄狒狒是最常见和最著名的狒狒物种中体形最大的：它们的身体长于其他物种，体重也很重（雄性重达 50 千克，雌性重达 30 千克，比其他品种的狒狒重 30%）。橄榄狒狒有时被称为"肯尼亚狒狒"，但其实它们主要分布于毛里塔尼亚南部、马里，直至坦桑尼亚。最离群索居的橄榄狒狒群体分布在提贝斯提高原和艾尔高原。实际上，我们很难确定其确切的分布，因为它们很容易与其他品种的狒狒杂交。

橄榄狒狒本质上是"素食主义者"，它们是分布于稀树草原和森林中的节食动物。它们总是成群出没，食用树脂、阿拉伯树胶以及刺槐。它们还会猎捕小型动物，包括其他小型灵长类动物，以及它们可以找到的其他任何动物。它们具有适应环境和开发周围环境的能力，这可以解释其分布广泛的原因。

橄榄狒狒生活在由 15 ~ 150 个个体组成的群体中，它们具有非常严格的社会和阶级组织。雌性的统治是世袭的，而雄性则通过斗争来决定，这并不罕见，因为在一些复杂的社会关系中，生存问题始终是争夺食物和异性。

全球分布广泛

橄榄狒狒几乎没有受到任何威胁，但仍然受到国际法规的保护。然而，在某些国家（厄立特里亚）它们有时仍会被视为有害动物，因为它们对人工林造成破坏。过去（1950—1960 年）因为影响了其他动物的生活，例如食腐动物（鬣狗和秃鹫），橄榄狒狒曾遭受过大规模毒杀。而像所有能适应环境变化的物种一样，橄榄狒狒在全球的总数仍在不断增长。

GRAND PAPION.

黑带赤猴

红猴子、爱哭猴
Erythrocebus patas

全都在眉梢里

布丰说："我们见过其中的两种动物，它们是该物种的变种。第一种在眼睛上方有一道黑带，从一只耳朵延伸到另一只。第二种与第一种的区别是该条带为白色。这两种动物的下巴下方和脸颊周围都长有长毛，像美丽的胡须。"他还写道："它的皮毛颜色令人印象深刻，像是一种特别上了色的红。"黑带赤猴也因这种象征性的红色而得名。它的学名从希腊语借用了"erythros"一词，意思是红色。至于这幅版画，它将黑带赤猴画得非常真实，虽然黑带有点细，但其周围的巨石也模糊地唤起了这种动物的群落生境。

在草丛里生活

黑带赤猴生活在开阔的环境中，一般为大草原、草木茂密的平原和雅荒漠之间簇拥着草丛和灌木丛的区域。它们是中型灵长类动物，身长 1.2 ~ 1.4 米，尾巴长 54 ~ 74 厘米，雌性重 7 ~ 14 千克，雄性重 10 ~ 25 千克。其修长的四肢赋予了它们特别纤细的轮廓，得益于这种四肢，在平坦的地面上，它们的行走速度可达到每小时 55 千米，使它们成为行走速度最快的灵长类动物之一。

黑带赤猴（1996 年有 500 个个体）生活在撒哈拉沙漠内的艾尔高原至泰内雷沙漠地区，它们能适应岩石和沙质生物群落及营养价值较低的环境。它们对水的要求很高，它们每天都在山间移动，但只在几个稀少的水位喝水。我们还曾亲眼观察到它们挖掘深度超过 1 米的洞以触及含水层。这种节食和杂食性动物也有猎杀和食用角蝰蛇的能力（它们会食用其头部以外的部分）。此外，黑带赤猴从塞内加尔扩散到了坦桑尼亚，在中非森林地区之外，海拔 200 ~ 300 米处也有它们的踪迹。

在一年中的大部分时间里，黑带赤猴组成大约 15 只（最多 60 只）的团体在一个群落中生活，其中包括一只雄性和多只雌性及幼猴。其他雄性在满 4 岁之后独居，或组成很小的生活圈。在繁殖季节里，雄性会加入母系群体，但只选择一个伴侣交配。这些团体花费大量的时间觅食，食物包括树脂、昆虫和土中的块根。

逐渐减少中

在野外条件下，黑带赤猴似乎主要受到栖息地沙漠化的影响，但也受到热带稀草原牧场化以及农业发展的影响，据估算，一个半世纪以来其数量减少了 50 % 以上。如今，黑带赤猴的实有数量正在缓慢减少，但该物种很少被猎杀，应无灭绝风险。

PATAS A BANDEAU NOIR.

领西猯

有领西猯

Pecari tajacu

从欧洲物种变成美洲物种

"乍看之下领西猯和野猪很相似，或更确切地说，像暹罗猪，就是我们常说的家猪——野猪的变种。过去，西猯被称作野猪或美洲猪。"为了找到根源，布丰把西猯和猪科相提并论，但这种动物有着复杂的进化过程。

西猯科由3种西猯组成，出现在大约3000万年前的欧洲，当时它们几乎遍及所有大陆（澳洲和南极洲除外）。随后由于猪科（一群非裔欧亚猪）的竞争，它们在大约500万年前从欧洲消失，并于300万年前迁徙至南美洲。如今，这3种西猯基本上都分布在中美洲和南美洲。

通过举证、交换标本数据，布丰获得了这几个物种存在的证据，并表示自己呈现了一种"伟大的物种"。版画可能是依照一个经过干燥处理的标本所绘：它的嘴巴看起来有些凹凸不平，身体的后半部有种非自然形态的感觉。

"领西猯"（pécari）的法语名字源自"kal'ina"这个词，是一种在圭亚那和巴西仍然使用的加勒比语言。"tayassou"或"tajaçu"经现代拉丁化后变成"tajacu"的美洲印第安名称。

像只小野猪

领西猯看起来像一只小野猪：身长1～1.5米，肩高51～61厘米，重16～27千克。它们分布在美国西南部到阿根廷北部的亚热带沙漠和热带森林地区，在郊区或农业种植园中的低地生物群落中也可以发现它们的踪影。目前我们识别出16个亚种，它们与地理变化相对应。领西猯生活在由6～9个个体组成的小团体中，有时多达50～60只。领西猯是杂食性动物，块根、水果、种子、豆类、无脊椎动物和小型脊椎动物都可以成为它们的食物。

繁殖活跃且受法规保护

领西猯的数量被认为是稳定的，它们的威胁主要来自狩猎和生物群落的改变。然而，领西猯可通过活跃的繁殖（每胎2～3只幼崽）和长寿命（野生状态下可超过20岁）得以广泛分布，并以此确保其稳定发展。同时，领西猯受国际法规保护，在圭亚那，狩猎是允许的，但会受到管制。

LE PECARI.

灰松鼠
灰松鼠、美洲松鼠
Sciurus carolinensis

没有刷毛的耳朵

灰松鼠与欧洲松鼠很容易区分：除了皮毛无其他浊色，其圆耳朵也没有刷毛。版画上这只站在树干上的灰松鼠的头可能不够写实，但是它的尾巴完全符合美洲物种的特征，其尾巴上有几种不同颜色的毛，且越靠外颜色越浅。

适应性良好的森林动物

灰松鼠的体形比红松鼠的稍大：身长23～30厘米，尾巴长19～25厘米，重400～600克。灰松鼠为树栖动物，最初分布于美国东部和中部，以及加拿大南部。像许多温带北迁的松鼠一样，它们会储藏植物种子（如核桃、橡果）以便日后食用，有时它们会忘记自己储存的种子，而任其发芽生长，并间接成为"林木管理员"。在其原始生活环境（落叶林或混交林）中，灰松鼠会根据季节采食种子、蘑菇、嫩芽、浆果、小型果实和幼树的树皮。而生活在城郊的灰松鼠则会抢食西红柿、草莓、玉米等。像所有森林中的啮齿类动物一样，它们会嚼食掉落的鹿角，以摄取矿物质并强化骨骼。雌性灰松鼠每年可怀胎2次，每胎孕育1～4只幼鼠。幼鼠出生在两根树枝之间的巢中——洞穴、树洞或者用苔藓整理好的乌鸦的旧巢，8月后出生的幼鼠会与母亲一起冬眠。

极度活跃的灰松鼠

灰松鼠于19世纪末被作为宠物引进英国伦敦北部的一个地区。在被抓获之前，它们已经大量扩散，并且成为当地红松鼠的竞争对手。它们繁殖活跃、适应郊区和城市环境的能力强且食物多样化，故能在竞争中处于优势地位。据估计，2009年，苏格兰有250万只灰松鼠，而红松鼠只有16万只。

1948年意大利引进灰松鼠，之后该地红松鼠的数量便急剧减少。这种"入侵物种"受到了人类的青睐，目前灰松鼠已由意大利向北扩散至法国，我们唯一的疑问是，它们的扩散速度有多快？

LE PETIT GRIS.

袋貂（雌性）
灰袋貂
Phalanger orientalis

阶段性的发现

布丰在此提供了一幅很难辨认的动物版图：只有通过它的名字和有执握力的尾巴这两个标志才能确定它是一只有袋类动物。布丰进一步说明，他获得据称是同一物种的雄性和雌性，但它们其实是两个不同物种。这两只动物肯定是在皮肤不完整的状态下到达他手中的，我们可以通过版画中动物的长口鼻、凹凸不平的前额和带有褶皱的耳朵看出。版画中的背景带有异国情调：这只小动物似乎吃了大量果实所以身体形状不明朗，海面上的船只给人一种遥远旅途的印象。灰袋貂的确是从遥远的国度来的。但这个名字令人困惑，因为它同时也代表了几组完全不同的有袋类动物。

在树冠中生活

灰袋貂属于袋貂科动物，我们在印度尼西亚和新几内亚发现了它们。它们也生活在俾斯麦群岛、摩鹿加群岛、所罗门群岛、东帝汶，在 35000 ~ 25000 年前由第一批入住这些地方的人类引入。灰袋貂是树栖动物，身材健硕，身长 35 ~ 55 厘米，重约 2.2 千克。灰袋貂的脸是圆的，耳朵也是圆的，几乎没有凸起的地方。其眼睛位于垂直于头部的纵轴平面，故视野范围较广，这是夜行动物的特征。其身上的黑色短条纹从额头延伸到背部上方（版画中仅描出轮廓线）。灰袋貂的拇指（趾）与其他指头相对，其脚底和手掌肉球上都有强壮的爪子和条纹，利于移动时牢牢抓紧树枝。灰袋貂能在常绿的热带森林、退化的森林、杂草丛生的区域、花园和树木繁茂的群落生境中缓慢移动，寻找叶子、花和种子为食，但较少吃昆虫。它们很少到地面活动，但在树冠丛中行动敏捷，能快速短距离跳跃。为了进食，它们可以到达树枝的末端，然后借助尾巴悬挂在能支撑其重量的更坚固的树枝上。

与有袋类动物一样，灰袋貂的妊娠期很短，仅 13 天左右，雌性一胎能生产 2 只幼崽，重约 1 克。我们对其幼崽的成长方式知之甚少，只知道它们的完整成长期需要几个月的时间。

请假装我不在

虽然灰袋貂分布广泛，但是相关研究却很少，它们的威胁主要来自捕食者，但这些捕食者似乎相当随意且不专业（其中有数种巨蟒、白腹海雕）。在巴布亚新几内亚的某些地方，人们会猎食灰袋貂，另外它们也会被捕获以当宠物饲养。尽管如此，它们的数量在过去几十年被认为是稳定的。

PHALANGER FEMELLE.

穿山甲
长尾穿山甲
Manis tetradactyla

体形最小的穿山甲

毋庸置疑，这只像松果一样的动物就是穿山甲。它身上的瓦状角质鳞片给了"鳞甲目"（Pholidota）命名以启发。穿山甲科现存有 8 个亚种，而鳞甲目中的"pholis"为希腊语，是"角质鳞片"的意思。布丰文中的穿山甲（phatangin）一词最初来自"东印度"（印度）。至于英文的穿山甲（pangolin）一词，则源自马来语，意思是"圆滚滚"。虽然亚洲的 4 种穿山甲都与穿山甲属有关，但非洲的 2 种长尾穿山甲有时也被归于黑腹穿山甲中。

布丰在《自然史》中描述了长尾穿山甲——一种长着长尾附肢的动物。它们的尾巴由 45 ~ 47 节椎骨组成，长 60 ~ 70 厘米。其身长 35 ~ 45 厘米，重 2 ~ 2.5 千克，除了头部与腹部，其他部位皆被鳞片覆盖。长尾穿山甲可以称得上是穿山甲中体形最小的。我们经常将它们与另一个物种混淆，但是以其头部和身体的比例判断绝对没有问题。

食蚁

从塞内加尔南部、乌干达，到喀麦隆，再到安哥拉，在很多潮湿的森林中都可以看见长尾穿山甲的踪迹，包括分散着农作物的森林地区，只要见到沼泽、河流、沼泽棕榈树，那就代表你离它们不远了。长尾穿山甲是一名游泳健将，它们能从树枝上跳入水中，并从一个领地游到另一个领地。但是长尾穿山甲本质上仍是树栖动物，它们白天在空心树洞中或者在接近树冠高度的枝杈上休息，此时它们会卷成一个球，靠尾巴把自己悬挂起来。

长尾穿山甲是食虫者，甚至可以说它们只吃蚁类。它们会用脚掌前端长而结实的爪子将蚁丘击溃。它们的嗅觉特别灵敏，这有助于它们觅食。它们还会沿着树干上蚂蚁的行经路线用长舌头涂上带有黏性的唾液，以将其捕获，接着在胃中将蚂蚁消化。

被迫迁出家园

长尾穿山甲的鳞片有助于它们在黑暗的森林中伪装自己，也避免受到猎人的攻击（用来食用或制造传统药物）。但即使有鳞片覆盖，它们有时也会被豹或蟒蛇捕食。石油勘探则会破坏或入侵其栖息地，这是导致该物种濒危的另一个原因。

LE PHATAGIN.

海豹

港海豹、小海牛

Phoca vitulina

这是哪种海豹？

看着如此不准确的版画，实在很难给这只海豹取名字。然而，这种海豹已经在西欧现身很长一段时间了，布丰指出："我们已经给欧洲的海豹做出描述和附图了，我们称其为小海牛、海狼或海狗。"

但版画里的这只动物很难看出是什么，它的脖子太细了，色调也说不过去。该物种的皮毛变化很大，主要有两种颜色状态：一种是深色的，通常呈灰色或黑灰色，有斑点或略带卵状纹和小斑纹；另一种是米色，也有斑点，但比较精细。还有一种棕红色的变体，更稀有，几乎没有斑点，或许画师就是看到了这一种。

海滨动物

海豹属于海豹科动物，是鳍足目中的一科。海狮，足较小，和海象同属鳍足目，但归于另外一科。三者的祖先为同一种陆生动物，长得与熊相似。

海豹的口鼻又短又圆，身长 1.2 ~ 2 米，重 65 ~ 170 千克。在其 5 个亚种中，东方种是最健壮的。海豹栖息在北半球海域的低矮、沙质或略带岩石的海岸上，其繁殖区的最南端穿过索姆湾、沃尔维斯湾和圣米歇尔山。海豹为独居动物，通常在 10 ~ 150 米深的海里捕猎，潜水时间不超过 10 分钟，它们的觅食轨迹也会沿河口向河流往上 200 千米。它们每天需要进食 2 ~ 4 千克的鱼和乌贼。海豹的寿命约为 35 岁，雄性的性成熟期为 4 ~ 7 岁，雌性为 3 ~ 6 岁。

海洋生病了

海豹的分布范围很广，故很难了解其总数状况，全球估计有 50 万 ~ 64 万只。过去，海豹摧毁了许多养鱼场，故成为宰杀的对象；现在，只有阿拉斯加允许捕猎海豹。海豹还饱受海水中的重金属和杀虫剂的困扰，在沿海地区活动的海豹会更容易受到这些污染物的影响，因为它们会直接接触工业和农业活动产生的污水。总的来说，海豹很容易受到气候变化和人类活动（捕鱼、石油开采）以及生态旅游的影响。

LE PHOQUE,

伏翼

Pipistrellus sp.

新成员

布丰说："我们称第五种未知蝙蝠为伏翼（pipistrelle），这个名字源自意大利语'pipistrello'，意思是蝙蝠。但伏翼并没有那么接近蝙蝠、大鼠耳蝠或褐山蝠，甚至没有棕蝠或长耳蝙蝠那么大。在所有种类的蝙蝠中，它体形最小，但还算耐看，尽管它上唇肿大、眼睛小且凹陷，并且额头上长满了毛。"现今，伏翼属在欧亚大陆和北非共有 30 种，其中有 4 种生活在法国：普通伏翼、库尔伏翼、纳图修斯伏翼和侏儒伏翼。

近亲关系

在法国，辨识物种是专家的事，例如通过基因测序、超声波分析和精细的生物特征对照等。2000 年，专家鉴定出了侏儒伏翼或伏翼。我们曾把它们跟普通的伏翼混淆，认为它们是双生种。近期我们也根据牙齿特征纠正了一种伏翼属物种，并将其命名为萨氏伏翼（*Pipistrellus savii*）。如果考虑布丰的描述，即"上唇肿大"，我们可以假设它们是库尔伏翼，因为它们的圆唇经常"起泡"。但伏翼仍然是一种很小的物种：重 3 ~ 15.5 克，身长 30 ~ 55 毫米，翼展最大为 250 毫米。我们在森林、公园和花园中都可以见到它们的身影。伏翼非常合群，它们在 11 ~ 12 月开始冬眠，翌年 3 ~ 4 月苏醒（这取决于外界温度和昆虫数量）。一处定居地可以有数千只伏翼，它们隐居在桥墩、洞穴或宽阔的裂缝中。

没那么脆弱

像欧洲的很多蝙蝠一样，伏翼也面临着许多环境变化的威胁，这些变化会减少昆虫的数量及其多样性。1950 年至 2000 年使用的农药使昆虫的数量大大减少，也导致了伏翼数量的减少。其他如增设架空电线、迁徙路线上的风力发电设备、照明，传统建筑（阁楼、尖塔、加高谷仓）的消失或结构翻新，都可能会打扰它们。

伏翼的长寿命（平均两岁半，最长 16 岁）及有规律的繁殖活动使它们成为一种不受威胁的物种。纳图修斯伏翼和库尔伏翼鲜为人知，但它们在法国的状况似乎也很稳定。侏儒伏翼就更不为人所知了，在淡水或微咸水（法国南部）的边缘它们的数量可能非常多。

LA PIPISTRELLE.

小飞鼠
西伯利亚飞鼠、欧洲飞鼠
Pteromys volans

无中生有的名字

早在 1733 年，在法国，这种森林动物就被认为在斯堪的纳维亚半岛和俄罗斯存在好几个世纪了。布丰表示他见过几只活的小飞鼠，并且在国王内阁的藏品中见过一张珍藏的小飞鼠皮。后来，布丰的许多继任者指正，说他混淆了几种不同物种。而且，根据生物学家的说法，"polatouche"（飞鼠）这个词，源自俄语（或其方言），并不代表任何东西，不过，这个名字虽未被其他动物学家重视，但被当作俗语保留，而非其他名称，如"沙番（sapan）""勒塔咖（letaga）"或者"俄罗斯斯特龙（steromps de Russie）"。小飞鼠归于欧亚飞鼠属，该属只有 2 个物种，近似北美的飞鼠。

会飞的松鼠

小飞鼠是一种生活在树叶丛中的松鼠，在进化过程中，它们的前肢和后肢之间形成一个大面皮翼（或称翼膜），用来滑行、在空中滑翔或者在树木间移动。这些皮翼附着在前肢的软骨上，该软骨会根据位移的程度展开或折叠。小飞鼠会稍微倾斜着滑翔 10 ~ 15 米，从一根树枝移至另一根树枝。到达目的地时，它们会立即面向树干站起来并抬起头。从斯堪的纳维亚半岛到西伯利亚东部、朝鲜和日本北部，只有在有古老空心树（桦木、白杨和针叶树）的针叶林中才能发现小飞鼠的踪迹。小飞鼠身长 22 ~ 34 厘米（其中尾巴长 9 ~ 14 厘米），重 95 ~ 170 克，它们的眼睛很大、短耳朵圆圆的、皮毛滑顺、尾巴毛发浓密。

小飞鼠会在春夏季寻找嫩芽、叶子、种子、果实、嫩枝为食，并像其他松鼠一样，视季节捕食蛋类和幼鸟。小飞鼠会预先放一些干燥的桦树和柳树的絮在树洞里，有时候视情况而储备大量的絮。小飞鼠不冬眠，但在严寒之际会经历几天低温的折磨，此时它们会躲在巢穴或树洞里御寒。冬季以外的其他季节，它们会与同性一起组成小群体生活。

流失甚剧

小飞鼠难以接触，故相关的研究甚少，我们所知的族群状况也只是局部的。在芬兰，在 10 ~ 20 年的时间里，我们估计，其实有数量的流失为 30% ~ 58%，在俄罗斯西部的某些地区似乎也有同样的状况。很显然，现代森林的管理方式有待考究，人们试图通过清除死树和空心树来使这些土地有利可图，但这大大影响了小飞鼠的生存。当前小飞鼠仅在日本北海道算常见动物。

LE POLATOUCHE.

冠豪猪
白尾冠豪猪、印度冠豪猪
Hystrix indica

一群"克隆"的豪猪

豪猪属中的冠豪猪之间体貌非常相近，以至于布丰写道："我们已经讲过，并且提供了东印度（印度）豪猪的体貌特征，并且就我们看来，此类豪猪只是意大利豪猪的一种变体，而在马六甲确实存在另一品种的豪猪，我们也现场把它们画了下来。"

在豪猪属的 8 个种类中，有 5 种的确看起来非常相似，其他 3 种分布于岛屿地区，可以按体形大小与刺的尺寸来区分。

鲜为人知

印度冠豪猪与它们同属的其他近亲一样，是一种大型动物，身长 70 ~ 90 厘米，尾巴长 8 ~ 10 厘米，重 11 ~ 18 千克。它们的背部被白色和棕褐色的刺毛覆盖，其中最长的刺毛位于脖子和肩膀处，可超过 50 厘米。如同其他哺乳动物的毛一样，印度冠豪猪的毛与肌肉系统相连，使得它们能够根据心情和需求变化。在遭遇危险时，背部的这些被称为"立毛肌"的肌肉会抬高并合并（就像人的鸡皮疙瘩一样），使得腰间与背部的刺变得坚硬，防御效果更加显著。而尾巴覆盖的毛则扁平且卷曲，或者是皱巴巴的。当受到威胁时，印度冠豪猪还会发出一种低沉的"嘎嘎"声。

与该属的其他种类一样，印度冠豪猪基本以素食为主，它们可以利用营养成分非常低的食物，其盲肠中的细菌能够消化坚固的纤维。印度冠豪猪主要在地面上寻找食物，其强大的爪子可以轻松地挖掘土壤。它们的食物包括植物球茎、根、块茎，水果和浆果也包括在内。印度冠豪猪是夜行动物，它们白天大多待在自己建造的洞穴中。

零星散生

在土耳其东部、西南亚和中亚地区，印度冠豪猪非常常见，在亚洲南部，一直到也门也可以发现它们的踪迹。因持续的繁殖活动：每年一胎，一次可以生产 2 ~ 4 只幼崽，在全球范围内该物种总体上是稳定的。然而在某些农业区域或菜园中，冠豪猪常被视为有害动物，以至于其作为传粉媒介和种子传播者的功劳被忽略。此外，除在印度受到保护外，无论是作为传统医药还是食物资源，印度冠豪猪都被人类猎捕。

AUTRE PORC - EPIC .

鼬

欧洲鼬
Mustela putorius

偷鸡贼?

1799 年,布丰画下了这只"盗贼"的肖像:"鼬长得和石貂很像,……它们会溜进院子,爬进鸡舍、鸽舍,跟石貂一样不发出任何一点声音,但破坏力更强。它们会扭断或压碎家禽的头部,然后将它们一个接一个地运走并储存起来。"

版画展现了这一点,并在这只捕食者的脚下画了一只母鸡和几个鸡蛋,好似这是它的日常餐点。就连它的学名都取自拉丁文的"putere",意思是"无赖、堕落之人",接着根据拉丁语词汇,"putidus"这个词于 15 世纪赋予古法语"put"一词,意思是"恶臭难闻的"。

这种食肉动物来自西欧,大约出现于 75 万年前,与西伯利亚鼬(黄鼠狼)和美洲水鼬为近亲,并在 150 万年前与后者"分家"。大约 2000 年前,欧洲鼬被驯化,用于捕捉粮食中的害虫(主要是粮仓里的啮齿类动物)。这种被驯养的亚种又称为雪貂、蒙眼貂,它们的皮毛时而白色,时而浅米色,与野生鼬的颜色非常相似甚至一致。

齧齿最大的捕食者

欧洲鼬的生态位在伶鼬与石貂之间,体形比伶鼬小,比石貂大,身长 20.5 ~ 46 厘米(不含 7 ~ 14 厘米的尾巴),重 0.4 ~ 1.7 千克。其分布地区包括不列颠群岛(爱尔兰除外)、斯堪的纳维亚半岛北部和俄罗斯西部直至摩洛哥。欧洲鼬普遍生活在开阔森林、树木繁茂的草地、小树林、沼泽以及耕地,一直到村庄的边缘,雄性的活动范围(2.8 ~ 3.05 平方千米)通常与一只或多只雌性重叠。

饮食方面,欧洲鼬主要以小型齧齿、兔子、青蛙和蟾蜍为食,有时也会捕食鸟类、爬行动物、昆虫,小欧洲鼬还会食用浆果。它们会储藏无法立即食用的食物,我们在俄罗斯发现了其最多可容纳 120 只青蛙的储藏点。欧洲鼬多单独行动,一般在黄昏和夜间狩猎,且只袭击本地鸡舍。它们不需要冬眠,冬天有可能会接近住宅区,在附近翻垃圾以寻找食物。

架在欧洲鼬头上的悬项之剑

因为很难去除麝香味,所以欧洲鼬的皮毛价值不是很高。人工饲养欧洲鼬最早出现在 20 世纪 20 年代,但除了 20 世纪 70 年代后期的丹麦和芬兰,其他地方饲养的规模不大。湿地干涸以及主要猎物(兔子)的减少,是欧洲鼬面临的威胁之一。另外,因吃田鼠摄入的污染物也会降低其繁殖速度。如今,欧洲鼬在一些欧洲国家受到保护,在法国,自 2012 年以来,诱捕欧洲鼬的活动已被制止,但是,这真的能有效拯救这种动物吗?

LE PUTOIS.

鼠

黑鼠

Rattus rattus

交接时期

布丰表示："我们已经在'老鼠'这个通用名称的理解下混淆太多小动物了，我们把这个名字留给那些普通的、黑色的、生活在房子里的老鼠。但该物种还有很多变种，且这些变种的数量也非常多。"然而布丰在写这句话的时候可能不知道，那只黑鼠当时正在与另一种更强大、更具侵略性的物种即褐家鼠（或称灰鼠）竞争。可以说，布丰所处的时代对鼠类的分布来说至关重要。

随着 12 ~ 13 世纪城市化的发展和商业交流，黑鼠迁徙至北欧。源自亚洲的它们，曾一度局限于地中海地区，直至 1 世纪才被证实出现在卢瓦尔河北部。

除了攀爬还是攀爬

黑鼠是人类青睐的物种之一，且长期以来一直从中受益。与其他鼠类不同，它们不爱凿洞穴，而是喜欢待在屋顶较暖和、干燥的地方。黑鼠是一个聪明的攀爬者和优秀的跳高者（可跳至 1.5 米高），在地中海地区，它们甚至在树上生活，并在塞浦路斯、西班牙及法国南部取代了欧亚红松鼠的地位。它们的大脚上长有长指，能够在铁丝上敏捷地移动。它们比褐家鼠轻（体重通常不到 200 克，而褐家鼠重 275 ~ 520 克），可以说在海峡群岛以及许多没有树木或树木稀少的地方，它们都是栖居岩石的佼佼者。

以家庭为单位生活的黑鼠非常依恋自己的领地，比起从一个地方迁移到另一个地方，它们更愿意坚守在自己的生活领域上。实际上，当食物短缺时，它们的群居密度有时会很低（在塞普勒斯为每公顷 5 ~ 12 只）。

斗争！

黑鼠将继续以鼠疫的传播者身份名留人类史册，它们以鼠疫侵害西欧无数次，同时带来斑疹伤寒。然而，黑鼠并非钩端螺旋体病的传播媒介，之所以和褐家鼠一样被追捕，是因为它们是庄稼的破坏者。自古以来，人类与黑鼠的斗争一直存在着，其间出现了一个意料之外的事件：临时且沉默的盟友——扩大中的灰鼠，将黑鼠逐渐赶出了西欧。虽然在港口仍能看到黑鼠的踪迹，但它们会避开船舶、仓库等潮湿的地方。黑鼠在乡村也失去了领地，它们不再生活在北欧和中欧的非人类聚集区，而是逐渐撤回地中海地区。在全球范围内，黑鼠的总数被认为是稳定的，这可能掩盖黑鼠在某些特定地区减少的情况。最终，黑鼠的适应能力将远低于褐家鼠，因为它们无法被驯化，并应用于实验中，故无法重新获得人类的重视。

LE RAT.

水䶄
两栖水鼠、水老鼠
Arvicola sapidus

难以辨别

"水䶄（水老鼠）是一种体形和老鼠相似的小动物，但从生活习性来看，它更像水獭。"布丰不是唯一一个分辨这些啮齿类动物有困难的人。因为，水老鼠并非老鼠，而是一种田鼠。它与老鼠有所区别：口鼻圆而尖；耳朵短而且很圆，不是杏仁状的，且几乎隐藏在皮毛中；身体也非常圆；尾巴略带锥形。我们也可以通过牙齿及头骨来辨认水老鼠。

从一位住在斯特拉斯堡的朋友——让·赫尔曼（Jean Hermann）寄给他的标本中，布丰还辨别出另一种水老鼠，称"斯特拉斯堡水老鼠"或"谢尔曼鼠"。但这样的分类是否正确，或者这是布丰出于地域差异的考虑？

总之，仍有2种分别属于2个不同种类的水生田鼠——两栖田鼠和陆生田鼠的水生形式，即便将它们捧在手中仔细观察，也很难区分它们。

温和的田鼠

水老鼠经常出现在水流缓慢的地方，如小河、池塘、非混凝土建造的灌溉渠、沼泽地等，在阿尔卑斯山海拔1500米、比利牛斯山海拔2000米的平原也可见到它们的踪迹。与其他水生哺乳动物一样，它们在较软的河堤中挖洞，并将其分为休息室和储藏室。该洞穴有2个入口，其中一个没于水中。

水老鼠在西班牙较少见，但在葡萄牙较多。法国除东部和北部外（该处被水生田鼠取代），其他地区都有它们的踪迹。尽管数量众多，但水老鼠从来没有成群结队地出现过。

水老鼠是一种温和的小动物，一般生活在成员较少的小团体中，主要以岸边或周围草地上的水生植物为食，有时也食用蝌蚪、小鱼、昆虫以及在水中潜水时捕获的猎物。虽然没有蹼足，但水老鼠的皮毛疏水性好，这有利于它们游泳和潜水。

情况很糟糕的物种

像所有在水生环境中生态位狭窄的哺乳动物一样，水老鼠对水污染特别敏感，这与它们的食物来源息息相关。农业发展、消灭蚊子、农地或牧地排水所导致的沼泽干涸，也大大限制了其生活范围。

水老鼠与河狸、麝鼠相互抢夺食物、河堤、栖息地等，褐家鼠不仅攻击它们的食物和领地，还会攻击它们的幼崽，美洲水貂的扩张也进一步加剧了其生存威胁，这些均引发了水老鼠的灭绝危机。虽然2008年以来实施了相关的保护措施，但至今尚未取得太大的成果。

LE RAT D'EAU.

马达加斯加鼠

倭狐猴

Microcebus sp.

不是鼠类，而是灵长类动物

这种动物体形小、口鼻尖、耳朵圆、尾巴长，可能因此才以鼠为名。它来自马达加斯加，看上去有点独特，但它其实是一只灵长类动物。布丰声称见过一只活的倭狐猴，它吃水果和种子，且只在晚上出门。

直到 1795 年，法国国家自然历史博物馆的第一位动物学主讲人艾蒂安·若弗鲁瓦·圣伊莱尔（Étienne Geoffroy Saint-Hilaire）才意识到这种小动物的真实本性。1812 年，他将这种小动物命名为"狐猴"（*Lemur murinus*），但是它太独特了，最终开创了一个新物种，1834 年，"倭狐猴属"（*Microcebus*）诞生了。

英国动物学家称这种小型灵长类动物为"老鼠 – 狐猴"，以保持啮齿类动物的简称，但这仅仅是因为它们的体形很小。据估计，这个物种至今有 8 ~ 24 种，这也表明该物种辨认的难度。

像所有的狐猴一样，倭狐猴出现在 5500 万 ~ 3700 万年前，但它们为何会出现在马达加斯加岛上，人们依然无法解释，不过该岛的确适合它们生存。该岛当前所有物种都出现在两个阶段：一个为 4200 万 ~ 3000 万年前；另一个是在新气候变化影响下的 1200 万 ~ 800 万年之前。正如 20 世纪 70 年代提出的一系列科学论证所言，倭狐猴属正是在新气候变化的影响下出现的，而并非由最古老的狐猴或灵长类动物进化而来。

小型动物

倭狐猴是体形最小的狐猴之一，身长 8 ~ 14 厘米，重 30 ~ 80 克（具体取决于物种）。倭狐猴都有细长的口鼻、视觉良好的大眼睛、长长的尾巴、带有趾的脚。倭狐猴是树栖夜行动物，几乎遍布所有类型的森林，它们可以很好地抓住树枝前进。

倭狐猴是杂食性动物，主要以植物为食，但在干旱季节也会吃昆虫。得益于其较小的体形，它能很好地适应气候变化。它们不冬眠，但在寒冷的冬季，它们可以连续睡几天甚至几周，以降低新陈代谢，应对过渡期。

脆弱的存在

倭狐猴的生存受到众多威胁，其中主要是马达加斯加林地的锐减。森林或树木的消失减少了它们赖以生存的树洞数量，并加剧了它们的生存压力和死亡率。在马达加斯加的某些地区，倭狐猴也被当作小型宠物捕获。贝尔特夫人的倭狐猴是同类物种中体形最小的，也是 25 种最濒危的灵长类动物之一。

LE RAT·DE·MADAGASCAR.

浣熊
食蟹浣熊
Procyon cancrivorus

浣熊并非鼠类

在此，布丰借英语中的"老鼠"（rattoon 或 rackoon，即现今的浣熊"raccoon"）一词来给此种动物命名。但其实并没有任何纪录指出这个名字与老鼠有关，甚至没有任何啮齿类动物与之相关。

版画中的这只浣熊看起来有些悲伤，但身形比例恰到好处，这或许与布丰豢养了一年多的一只浣熊有关。他也在有关这只浣熊的篇章末尾写道："在我看来，浣熊拥有许多环尾狐猴的特性与一些狗的特质。"

水，给我水！

食蟹浣熊非常接近浣熊，两者共同组成浣熊科家族。它们可能与瓜德罗普岛的浣熊有关，后者只是浣熊的一个岛屿亚种，或称科苏梅尔岛浣熊，这是墨西哥同名岛屿的特有种。

浣熊科动物源自欧洲，在 2000 万 ~ 1800 万年前到达美洲。在那个时期，它们多属热带动物。随后约于 600 万年前，物种开始分化：浣熊栖息于美洲大陆中部和北部（现今仍生活在此）；食蟹浣熊则待在南边，最远到达阿根廷与乌拉圭北部。但两个物种依然在哥斯达黎加南部与巴拿马西部保持着物种关联性。

食蟹浣熊比浣熊瘦小，雄性最重可达 7.7 千克（浣熊可达 11 千克），这种差异可能是气候所致。食蟹浣熊的生存要求是大量喝水。它们对栖息地的接受度很大，森林、草地、灌木丛、沼泽，甚至海岸线等都有它们的踪迹，但它们极少进入人工林，在城市或城市周边地区也没见过它们的身影。浣熊属杂食性动物，它们通常在晚上单独捕食，一般以软体动物、淡水螃蟹、小龙虾、蜗牛、昆虫等为食。我们对这种谨慎的动物的繁殖及其领域习性所知甚少。

面对不利的生存条件

在巴西的某些地区，食蟹浣熊常常是交通事故的受害者，由此我们也可以推断其种群密度很高。过去，食蟹浣熊常会因为其毛茸茸的尾巴和毛上那抹橙色阴影而招来猎杀之祸；而今天，随着旅游业与工业的发展，红树林被破坏，食蟹浣熊的生存遭到威胁。总而言之，这种动物不易适应环境变化，这也是动物保育监测指出该物种的数量正在减少的原因。

LE RATON.

犀牛

印度犀牛、独角犀牛
Rhinoceros unicornis

异域的吸引力

"犀牛是最强大的四足动物之一，仅次于大象。"布丰关于犀牛的文章是这样开头的，虽然他只介绍了一种，但当时他已经推测非洲和亚洲有好几种犀牛。

虽说犀牛自古以来就广为人知，但自 3 世纪初以来，在欧洲并没有太多相关资料。直到 1515 年，有人向葡萄牙国王进贡了一头印度独角犀牛，人们才开始了解它。阿尔布雷希特·丢勒（Albrecht Dürer，1471—1528，德国中世纪末期、文艺复兴时期油画家、版画家、雕塑家及艺术理论家）基于一幅印度犀牛的素描，画了一幅犀牛的木刻版画。

布丰的犀牛也同样著名。1741 年，在印度东部的阿萨姆捕获的雌性犀牛"克拉拉"（1738 年捕获）被带回欧洲（直至 1758 年去世）。克拉拉很亲近人类，在整个欧洲的巡回展中，引发了一阵"犀牛热"。在去凡尔赛的路上，画家让 – 巴蒂斯特·奥德里（Jean-Baptiste Oudry）展示了一幅仿真大小的犀牛肖像画，后来被许多作家，包括布丰，当作绘画参考。

笨重但迅速

距今约 5000 万年前，独角犀牛的祖先遍布全球。而现今的犀牛出现于距今约 3000 万年前的欧亚大陆，当时它们的体形很小，很难想象后来它们成为最大的陆生哺乳动物家族之一。500 万年后，它们进化成了长毛犀牛（在 26000 年前已灭绝）、非洲犀牛和印度犀牛（包括爪哇犀牛）。

犀牛、马和貘皆属于同一哺乳动物类群下的奇蹄目，具有奇数趾头。犀牛具有大且分化良好的三趾脚，使其能够在 4 个良好的平面点上平衡体重。实际上，非洲最大的白犀牛重达 3.6 吨，而印度最大的雄性白犀牛重达 2.7 吨，尽管很重，但它们的奔跑速度可以达到每小时 55 千米。

数量明显骤减

如今，5 种犀牛的生存都受到了极大的威胁，其中，至 2010 年，爪哇犀牛的野生数量不到 100 头。印度曾经是一个犀牛分布非常广泛的国家，但在殖民时代，农业发展和狩猎给它们带来了极大的灾难，至 20 世纪初印度野生犀牛只有 100 ~ 200 头。印度于 1910 年对犀牛采取了保护措施，目前其数量约为 2700 头，其中大多数生活在保护区内。在非洲，至 2010 年，白犀牛的数量不到 2 万头；黑犀牛的数量为 4800 头左右，相较 1900 年的 85 万头差距甚大。不过近年来，我们似乎看到了一点转机。

LE RHINOCEROS.

南苇羚羊（雄性）

芦苇大羚羊、苇羚
Redunca arundinum

有弯曲倒角的羚羊

这种动物的名字和外表都无助于辨认它是有蹄类动物，但它的确属于苇羚 "reedbuck"，意思是"有角并且生活在沼泽地中的动物"，它的荷兰名称 "rietbok" 启发了布丰给它起的名字 "ritbok"。南苇羚羊与另外两种羚羊——苇羚（生活于中非）和山苇羚（稀有动物，生活在海拔 1500 ~ 5000 米的范围）共同组成苇羚属，我们可以通过其头上的倒角来识别它：角的尖端朝向前方。

水的大型消耗者

从加蓬到坦桑尼亚再到南非，南苇羚羊栖息在山谷底部的湿润草地上，那里有不断流淌的水、洪泛区、沼泽、嵌合的草地和灌木丛。有时它们也会冒险进入更开阔的牧场，但始终靠近遮蔽性的植物，以便在受到威胁时能迅速躲藏。该物种体形适中：身长 1.2 ~ 1.6 米，雌性重 50 ~ 85 千克，雄性重 60 ~ 95 千克。只有雄性长有倒角，角呈环形，向后长 2/3 并向前弯，长 30 ~ 45 厘米，尖端处为锥形且光滑。

南苇羚羊是夜行动物，以草本植物为食（其他羚羊已放弃了这种饮食习惯）。在干旱季节里，当草的营养含量降低时，它们会改吃树叶。它们对水的需求非常大，每天必须喝好几次水。

雄性南苇羚羊极度捍卫自己的领地，但在雨季资源丰富时，雄性之间会变得更加宽容。雄性南苇羚羊约 3 岁时达到性成熟（雌性多半是 2 岁前），之后便会离开原生家庭。南苇羚羊一年四季皆可繁殖，但最好的时间是雨季，幼崽出生后会被安置在高大植被中，直到 2 个月后才会跟在母亲身边活动。

在茂密且封闭的森林环境中，南苇羚羊通过用鼻子吹哨的方式互相交流并警告危险，以及沿着白天的藏身处与夜晚觅食处之间的路径上留下气味做标记。

受国家公园庇佑

过去南苇羚羊很容易被猎杀：它们的肉和头上的角都令人垂涎。在野外，南苇羚羊最常见的捕食者是猎豹和非洲野狗，它们会成群结队地追捕南苇羚羊，幼小的南苇羚羊则是小型食肉动物和蟒蛇的猎物。虽然存在这些威胁，但南苇羚羊的数量被认为是稳定的。目前约有 60% 的南苇羚羊生活在保护区中（坦桑尼亚、赞比亚、博茨瓦纳、马拉维和南非的大型国家公园），也有近 15% 生活在私人牧场中。

LE RITBOK MÂLE.

大狐蝠

大飞狐、马来西亚狐蝠
Pteropus vampyrus

大量的讹误

通过大狐蝠，布丰得以接近巨翅目动物的世界，换句话说是大型热带蝙蝠的世界。他写道："在我们看来，大狐蝠和狐为 2 个不同种类，但它们极其相似，以至于我们认为应该将它们一起呈现。这两者都来自古代大陆温暖气候区，我们在马达加斯加、波旁岛、特纳特、菲律宾和印度群岛等岛屿中发现其踪影。"在同一篇文章中，布丰也研究了"吸血鬼"——一种大型美洲蝙蝠，他说它们会吸食其他动物的血。实际上"吸血鬼"属于小翅目动物，体形很小；而大型物种是食肉的。最后的讹误是，"rougette"是其法国土著名字，指留尼汪岛和毛里求斯特有的小型狐蝠，它们消失于 19 世纪。不过，当时布丰不知道如何区分不同物种是很正常的。版画中布丰称为大狐蝠的动物很可能是马来西亚狐蝠，为该属 65 种中的一种。

巨大且不同

巨型翼或微型翼……翼展并不是区分它们的唯一标准，巨翅目动物没有像小翅目动物一样的回声定位系统（用以猎捕飞行中的昆虫），它们的翅膀更大，而且没有尾巴。同时，生活在热带气候地区的巨翅目动物也不需要冬眠。

马来西亚狐蝠是该属最大的物种之一，翼展约 1.5 米，重约 1.1 千克，其他物种重 1.45 ~ 1.6 千克。总体来说，该属的大多数物种体形较小，重约 600 克，最轻的只有 170 克。

岛居生物较具优势？

以群居著称的狐蝠生活在重要的集散地，马来西亚狐蝠可以形成一个有 2 万多个个体的群居地，它们大多生活在森林里，白天它们在茂密树丛的掩护下休息。然而，森林砍伐以及单一农业发展给它们的生活带来许多不便。另外，杀虫剂的使用对它们同样有害。

由于分布广泛且寿命长（在野外约 15 岁，人工饲养几乎是野外的 2 倍），马来西亚狐蝠的数量仍然相当丰富。而对于居住在孤立岛屿或群岛的狐蝠而言，情况则有所不同，这些物种对引进的食肉动物非常敏感，这些食肉动物至少造成 5 种狐蝠消失，如关岛的狐蝠就消失于 1850 年至 1968 年之间。

LA ROUGETTE.

松鼠猴

红背松鼠猴、中美洲松鼠猴
Saimiri oerstedii

大小均一

松鼠猴究竟是什么？其黑色的头颅与红色的背让人们想起中美洲松鼠猴或红背松鼠猴。该物种见于哥斯达黎加和巴拿马，还有一部分生活在南美洲的热带森林和热带稀树草原中。因此，所谓的"常见物种"或巴西松鼠猴占据了整个亚马孙盆地。它是毛发颜色最浅的一种，具有橄榄的黄绿色色调，除了眼睛周围，面部与手脚的末端均呈白色，与中美洲（如玻利维亚、秘鲁）的松鼠猴、黑松鼠猴等 5 种组成松鼠猴属，其中 3 种又被分为 10 个亚种。它们大小均一，身长 30 ～ 35 厘米，尾巴比身体还长（可达 45 厘米），重约 1.1 千克（约15％的雌性比雄性小，体重也较轻）。

参与植物的授粉

像许多南美洲灵长类动物一样，中美洲松鼠猴非常合群，一般由 25 ～ 75 名成员组成群体生活。通常为 1 只雄性配 3 只雌性，尽管这种状况有些杂乱，但雄性之间从不相互竞争。至于雌性，它们大约在 2 岁的时候就离开了自己的家族，到其他群体繁殖，这避免了近亲繁殖和基因贫乏的风险。松鼠猴还会与较大的灵长类动物结盟，以间接在它们的保护下受益。紧随其后的是一群鸟类（甚至有猛禽类），它们会利用松鼠猴的哄闹来捕获小动物。中美洲松鼠猴会在森林中的所有空间移动，主要在树冠下和树叶丛中觅食，其中寻找食物占了它们80％的时间。它们的饮食清单上有植物和昆虫（占 25％），还有小型脊椎动物和陆生螃蟹，其中植物种类多达 33 种（包括 5 种花蜜）。此外，它们像蜂鸟一样，参与植物的授粉。

来自世界的威胁

像许多小型森林灵长类动物一样，中美洲松鼠猴面临着许多威胁。首先，旅游业的发展打扰了这种谨慎甚至害羞的猴子。其次，土地利用规划破坏了植被廊道，使它们很难从一个森林地块转移到另一个森林地块，尤其是在繁殖期间。为了应对这种日益恶劣的生活环境，它们改变了生活习性，如每年仅繁殖一次，并将群体中雌性的生产时间集中在一个星期内，让幼猴提早断奶，选择最强的雄性进行交配……现今，它们是中美洲最濒危的灵长类动物之一。中美洲松鼠猴有 2 个亚种（*S. o. oerstedii* 和 *S. o. citrinellus*），数量约为 1 万只。

LE SAIMIRI.

僧面猴

白面僧面猴、圭亚那僧面猴、南美白脸猴
Pithecia pithecia

美洲特有种

"僧面猴，因为其长毛和大型的尾巴，通常被称作狐尾猴。它的尾巴松弛，没有抓握力。"布丰并不了解这种动物，他坦言只见过僧面猴的皮，这就解释了版画中动物体表褶皱的原因。事实上，僧面猴是一种长着圆形脑袋的动物，特别是成年雄性，配上它的白色面颊，外形就更加丰满了。僧面猴是中美洲与南美洲的特有种，2014年进行的基因研究确定了16种僧面猴，而不只先前认定的5种。

栖息于高处

僧面猴是该属唯一呈现鲜明且辨识度高的异色性物种：成年雄性面部呈白色或红色，身上的毛则呈现均匀的黑色；雌性身上的毛色则偏灰色或棕灰色，且或多或少有条纹。僧面猴为中等体形的灵长类动物，身长28～40厘米，重1.65～2.35千克，尾巴的毛发浓密且呈羽状，长32～45.5厘米。这种生活在低海拔地区的物种栖息在委内瑞拉、圭亚那和巴西东北部的潮湿原始森林中。它们喜爱高大的树木，可以在树冠中间层（15～25米）寻找果实、种子和叶子为食。我们也可以在森林或牧场的边缘、有高大树木的地带看到僧面猴，它们会在树枝间跳跃穿梭，这项技能也为它们赢得亚马孙方言绰号："飞猴"。这种安静的动物一般生活在由2～4只成员组成的小团体中（它们不一定来自同一个家庭），与其他树栖灵长类动物混居在一起。在野生状态下，它们的寿命可达15岁。

受到妥善保护

过去僧面猴常因其肉质与皮毛被猎杀。在某些地区，人们会将它们的尾巴做成除尘掸子或小扫把。与所有灵长类动物一样，僧面猴受到国际法规的保护，因此没有灭绝的危险。

LE SAKI.

野猪
山猪、欧洲野猪
Sus scrofa

猪科中的一种

通过展示这个物种，布丰不仅致力于介绍野生动物，还推广一种新兴的家养动物，从他的文字中可略知一二："我们把家猪、暹罗猪和山猪放在一起，因为三者都是同一物种，一种是野生动物，另外两种是家畜。"

按当时的绘画手法，通常会突显野猪是森林中的凶猛动物的特性，突显其危险性和暴力性，相较之下，这幅版画就显得相当朴实，似乎没有特意突显某方面的内容。版画中，该动物在浅色背景中显得格外突出，没有既长又乱的毛，仅有前景的树叶提示了它的栖息地特征。

野猪是猪科中的一种（猪科有 5 属，15 个支种），我们只知道它们的远古祖先出现于 5500 万年前。其他的，只能靠泰国（1998 年）和中国（2001 年）出土的化石了解，它们生活在 3500 万年前。现今的猪科动物都非常相似，它们都保留有杂食性动物的牙齿特征。像大多数偶蹄类动物一样，野猪具有双关节带轮的距骨（脚后跟的骨骼），这使得它们步态柔和，并能持续小跑和快速奔跑。

繁殖能力强的森林守护者

野猪分布在欧亚大陆的落叶林和混交林中，东西方物种之间有明显的生物学差异：雄性的头与身体的总长度为 1.05 ~ 1.85 米，雌性为 1 ~ 1.46 米，重 320 ~ 350 千克（东方野猪中最大的雄性与西方较小的雌性体重大致一样，约为 80 千克）。野猪的杂食性饮食主要受周围植物的影响。野猪是群居动物，繁殖能力强，雌性每年可生产 10 只幼崽。无论是陪伴其幼崽的雌性群体或是年轻的雄性群体，都揭示其扩散状况。

蔓延的物种?

在法国，野猪生活在平原上，如同西欧各地一样，其数量正在稳定增长。它们被认为是一种"生态系统工程师"，它们能帮忙散布种子和孢子，也能疏松土壤。但是，鉴于其对农业种植园和森林幼苗造成的巨大破坏，野猪也被视为有害动物。有时它们还会到住宅区附近活动。狩猎仍然被认为是最好的控管手段（每年杀死超过 50 万头野猪），再搭配其他限制其群种扩张的措施，如减少玉米的种植，以及控制所谓的"衍生"作物种植（旨在使它们远离农作物）。

自 20 世纪 90 年代末以来，野猪与家猪进行了杂交（人工或非人工），产生了"小猪"，这构成了该物种过剩的新威胁。这种杂交形式确实可以获得更高的繁殖成功率，这要归功于品种与遗传多样性的选择。这些杂交种不怕人，而且还模糊了该物种的遗传性。

LE SANGLIER.

非洲野猪

非洲疣猪

Phacochoerus africanus

一群猪

这幅版画给我们展示了一种真实巨大的动物，我们可能常常将它与大林猪（另一种生活在非洲的猪科动物）混淆。但毋庸置疑，它头部顶端的黑色鬃毛显示了它是一头疣猪。

布丰之所以知道这种动物还要归功于法国植物学家米歇尔·阿丹森（Michel Adanson）于1748年至1754年在塞内加尔的勘探和研究。布丰的一些继任者或学生可能也会经常混淆这2个物种：红河猪（因其红棕色的鬃毛而得名）和大林猪。但我们必须承认，很多猪动物在18世纪末都尚未被发掘和认识。直至1822年，乔治·居维叶（Georges Cuvier）开始着手这方面的相关研究，我们才开始了解它们。

来自大草原

非洲疣猪属于2种猪科动物之一，它们栖息在非洲撒哈拉沙漠南部，另一种——沙漠疣猪，则生活在非洲东部（埃塞俄比亚、索马里、肯尼亚部分地区）。这种野猪很奇特，它们并非林居动物，其偏好草原或荆棘丛，甚至是干旱稀疏的大草原。其颧骨上的疣会因为性别或年龄而有不同的突起，亦用于辨识其所属的"疣猪"品种。版画中的疣看起来较扁平，因为它其实是一个骨头上的赘瘤，所以实际上比较像拱起来的小圆丘。至于它们的獠牙，无论雄性还是雌性，皆会不断生长，其中上部的一对最长、最明显，老年雄性疣猪的獠牙可以长达60厘米。雄性疣猪重60～130千克，雌性重45～75千克。除颈背鬃毛外，散布在其身体上的毛发稀少且坚硬。

非洲疣猪的奔跑速度可以达到每小时48千米，它们可长距离快步小跑。对猪科动物来说，它们的饮食习惯是不寻常的，它们主要以草为食，且不反刍（疣猪只有2个胃，而真正的反刍动物有4个胃），主要通过研磨，将食物磨成小块，因此，它们的第三臼齿长且强韧。干旱时期，它们会在土壤中搜寻块茎和植物的根为食。

衰退没落

几乎所有地方的疣猪数量都在缓慢减少，其中的原因很多，但大多数与自然因素（萨赫勒地区沙漠化、群落生境的变化等）和人为因素（狩猎、根除计划以保护家养牛和牧场、东非居住地破碎化等）相关。然而也有大批非洲疣猪栖息在野生保护区或大型国家公园里。

LE SANGLIER D'AFRIQUE.

负鼠（雌性）
灰负鼠、灰四眼
Philander opossum

新大陆物种

布丰以这个他称为负鼠的物种开启了关于有袋类动物的长篇章节。据他所述，腹袋不是幼崽出生的地方，而是它们度过幼年时期、避难、休息和成长的地方。布丰用道本顿的观察和解剖来支持他的主张，篇章中关于他不称腹袋为"育儿袋"的描述非常完整：有 2 根骨头在耻骨前支撑着这个袋子。

自 1696 年起，英国博物学家就开始使用"有袋类动物"（marsupium）一词，而法语中的"有袋类动物"（marsupial）一词则出现在 1736 年的法国科学院资料中。直到 1822 年，乔治·居维叶（Georges Cuvier）才用这个术语定义了一组哺乳动物。布丰写道："这种负鼠只生活在新大陆的南部地区，不仅见于巴西、圭亚那、墨西哥，还见于佛罗里达州、弗吉尼亚和其他温带地区。"在这段描述中，布丰显然把灰负鼠与弗吉尼亚负鼠混淆了。弗吉尼亚负鼠是一个更大的物种，两者的颜色有很大不同。

离群索居的有袋类动物

除了眼睛上方突出的 2 个白色斑块，灰负鼠整张脸是黑色的，这给人一种它有 4 只眼睛的错觉。灰负鼠的皮毛是灰色的，顺滑，腹部为黄白色至赤褐色，尾巴的尖端裸露。其头和身体的总长为 20.5 ～ 30.2 厘米，尾巴长 25.3 ～ 31.5 厘米，重 200 ～ 670 克。

灰负鼠最北分布到墨西哥北部，一直延伸到巴西南部，但哥伦比亚和委内瑞拉的部分地区没有。这种特立独行的小动物主要以虫子为食，有时会用小型脊椎动物和水果作为补充，它们还会靠听觉捕捉鸣叫中的青蛙。灰负鼠是树栖兼陆生动物，能够利用原始热带森林的低层（土壤）和中层（树木），如较明亮且退化的森林、花园和种植园。当被打扰时，灰负鼠能利用脚趾敏捷地躲到树上；在地面上时，它们行动迅速，且会游泳。灰负鼠的巢穴建在树洞或树杈上，高度为 8 ～ 10 米。在非季节性繁殖的地区，雌性每年可以分娩 2 ～ 4 次，妊娠期为 13 ～ 14 天，每胎生产 4 ～ 5 只幼崽。像大多数有袋类动物一样，其幼崽体重很轻，约 9 克。幼崽进入育儿袋之后，便会紧贴着一个形状像嘴的乳头，并度过最初的几周。大约 2 个半月后幼崽断奶，之后与母亲待在一起直到五六个月大。

顽强的物种

灰负鼠在其整个分布范围内的数量非常丰富（每平方千米可容纳 150 只），容易被陆生或有翼捕食者捕食，例如谷仓猫头鹰会捕捉断奶的幼崽，豹猫、树栖蟒和许多中型食肉动物也会成为它们的捕食者。然而，它们也会自己防御，勇敢面对严酷的威胁。总体而言，其数量被认为是稳定的。

LE SARIGNE FEMELLE.

棕蝠
大棕蝠
Eptesicus serotinus

广大的翼手目动物

布丰在法国分辨出 7 种翼手目动物，其中包括棕蝠。布丰的辨识很准确，但他不知道在法国东部边缘还有一个密切相关的物种：尼尔森棕蝠（分布在欧亚大陆到日本）。棕蝠属包含 23（或 25）种以及许多亚种。它们分布在各类气候地区，主要分布在大陆上（太平洋地区除外），体现了这种蝙蝠科动物的强适应能力。

棕蝠分布广泛，从大西洋沿岸到太平洋沿岸，从丹麦北部到北非，再到印度次大陆的北部和东南亚都有它们的身影。相对于蝙蝠来说，该物种体形很大，身长 10.4 ~ 13.7 厘米（其中尾巴长 4.6 ~ 5.7 厘米），重 15 ~ 35 克。

现今棕蝠仍然常见且数量丰富，可能比布丰所处的时代还多。除身体和头部之间的比例问题（略小）外，这幅版图相当准确，耳朵的大小和形状、顶部逐渐变平的小口及腹侧姿势等都很贴切。

乡村蝙蝠

我们在各式各样的生物群落中都发现了这种平原生物，它们偏爱树林和牧场之间的混合地区，但也在半沙漠地区、干旱的森林和地中海马奎斯地区居住。同时，它们也在耕地或郊区被发现，是生活在人类居住或出没的地方的物种。在法国，它们的活动范围不超过海拔 1100 米。

棕蝠在日落约 15 分钟后出来狩猎，每次时间为 1 ~ 2.5 小时，一般单独或以 10 只为一组行动。有时它们也会在黎明前出没，在 2 ~ 10 米的高度缓慢飞行，捕食大型夜蛾和双翅目、鞘翅目、膜翅目、毛翅目等动物，以及对应季节中所有可以食用的生物。其锋利的牙齿和坚硬的下颌骨使它们可以轻松研磨猎物的皮革外壳和内脏。它们的居所范围在昼间栖息地周围平均延伸 5 千米，位于墙壁、裂缝、尖顶和阁楼中，而不是树上。

人们对棕蝠的冬眠地点几乎一无所知，它们的冬眠期从 11 月到翌年 3 月下旬或 4 月，具体情况取决于所处的纬度。雄性终年独行，而雌性会群聚以便生产，有时也会与某些雄性组团。夏季它们的群居地约有 10 ~ 50 个个体（在英格兰南部最多为 200 个个体）。该物种包容力强，可以与伏翼、褐山蝠、长耳蝠等多种蝙蝠科动物为伍。

分布广泛

人们对全球范围内的棕蝠总数很难有一个清晰的认知，因为杀虫剂的使用和栖息地的破坏会改变它们的结构。但在一定程度上，它们能够适应栖息地的破碎化。而在其他地方，它们的数量正在增加。如果说棕蝠在整个欧盟地区受到保护，那么在东南亚或北非就不是这样的情况了。

LA SEROTINE,

狐獴

沼狸
Suricata suricatta

对发源地认知的讹误

布丰在 1765 年曾写下关于这种小型食肉动物的纪录:"荷兰曾有过这种动物的交易,他们称它为'surikate'它们居住在苏里南和南美其他地区……"事实上这种獴科动物属于猫鼬的亲戚,而猫鼬来自南非开普敦,距离苏里南和南美很遥远,布丰也是好几年后才意识到自己的错误。即便在发源地的认知上稍有错误,但布丰版画中呈现的沼狸形象仍然是正确的。

温和闲适的生活群体

这种小型食肉动物(头与身体总长 24~31 厘米,尾巴长 19~24 厘米,重 620 ~ 970 克)喜欢群居于干旱地区,大多是碎石地、牛与羚羊群食草之地、低矮而稀疏的树木林地。它们主要以昆虫为食,如蜣螂的幼虫或成虫、白蚁、蝴蝶或双翅目幼虫,偶尔也捕食小型啮齿类动物、蜘蛛等。可能因为环境干燥的缘故,沼狸会用坚硬的爪子辅助啃咬瓜类、块茎,以补充水分。

沼狸会在土壤坚硬、紧实的牧场下挖洞居住,其洞穴遮蔽性佳且有 3 层地下室,每个洞穴至少有 6 个通道(有时甚至达 90 个),且可延伸几十米长,有时它们还会与松鼠分享洞穴。它们通常会在洞穴里度过夜晚、酷热的夏天和寒冷的冬天。当某个洞穴周围的食物减少时,它们会移动至另一个洞穴,过一阵子后再返回。

沼狸以 10~30 只成员组成一个群体生活,且不受阶级约束,我们可以看到一个群体中有多个繁殖对,它们和平共处,采用"利他模式"生活。雄性沼狸活跃于标记领地的工作,但倘若有外敌入侵,所有成员皆会用尽全力顽强抵御。沼狸是一种昼间活动的小型动物,喜欢晒日光浴,因为晒太阳有助于它们调节体温。

没有太多生存威胁

沼狸广泛分布于南非西部和北部、纳米比亚西部和南部、博茨瓦纳西南部地区,除自然因素外,它们没有太大的生存威胁。沼狸生活在开阔且相对凉爽的地区,它们的生活模式使其常陷入被猛兽捕食的危机中,这也解释了为何它们不会远离洞穴且时刻保持高度警惕。沼狸的生存威胁主要来自大型有蹄类动物、某些栖息地的变更以及食物营养含量的降低。然而,这些现象仅在有限的区域中观察到,如今沼狸的群体数量被认为是稳定的,并没有灭绝的危机。

LE SURIKATE.

大食蚁兽

巨食蚁兽

Myrmecophaga tridactyla

没有牙齿的动物

大食蚁兽完整的学名完美地描述了它，意思是"吃蚂蚁的动物"和"三趾动物"。布丰根据各类食蚁兽的大小，将其与小食蚁兽和食蚁兽区分开来，这是有道理的。生物学家区分了3个属和4个食蚁兽物种，其中包含3个树栖物种。食蚁兽科当中的大食蚁兽是该属唯一的代表。

目前所有食蚁兽的祖先均出现在5500万年前。在3种食蚁兽中，侏食蚁兽是最早出现的，大约出现于3000万年前。1500万年后，小食蚁兽和大食蚁兽才出现。自出现以来大食蚁兽就从未离开过南美洲，而且没有在巴拿马地峡形成后进入中美洲，也没有在美洲间巨大的物种交流中受益。大食蚁兽没有牙齿，与树懒（牙齿稀少）接近，于是共同组成了披毛目。

超爱蚂蚁

大食蚁兽是食蚁兽科唯一的陆生物种：身长1～1.9米，尾巴长约90厘米，雌性重约39千克，雄性重约41千克。它们几乎没有机会触及树叶丛。其手指（相当于人类的食指和中指）末端有很长的爪子（长15～21厘米），这些爪子有助于它们挖土和凿洞，以获取它们最喜欢的食物——蚂蚁。大食蚁兽的牙齿被颅骨前部延长的骨头替代，舌头藏在嘴巴最里面，长约45厘米，其唾液腺发达，且口腔的每个通道上都有黏性唾液。大食蚁兽丰厚的嘴唇能保证它在伸出舌头的同时也能保留已抓住的蚂蚁（其捕获猎物的频率高达每秒3遍），最后借助唾液将猎物吞噬。其脸部的毛又粗又短，而身体上的毛又长又粗糙，使蚂蚁很难到达皮肤层，从而避免被蚂蚁叮咬。

拯救大食蚁兽！

大食蚁兽分布在各式各样的栖息地中，从洪都拉斯到巴拉圭、阿根廷和玻利维亚，从大片的常绿森林到草丛地区等，都有它们的踪影。精确的生态要求、大范围的活动圈、缓慢的繁殖活动（每年只生产1只幼崽）是制约其长期发展的因素，实际上它们对变化的生态环境几乎没有适应能力。因此，大食蚁兽被认为是中美洲受迫害最严重的动物之一，它们在许多地区已经消失了。在南美洲多个地区，其数量也在减少。这些年来采取的保护措施开始得实在太晚了，特别是在阿根廷。

LE TAMANOIR.

马岛猬

马拉加斯刺猬、马达加斯加岛刺猬、无尾刺猬、大刺猬
Tenrec ecaudatus

一种古老的物种

因收到过 2 个标本，布丰对这种小动物非常熟悉，但他珍藏的那只幼崽标本实际上为纹猬属动物，它是马达加斯加特有的一种食虫性小型哺乳动物。不过布丰最后呈现了这 2 种小型的、皮毛以淡黄色为主并带有深色纵条纹的物种。在他的著作中，布丰用马拉加斯刺猬（tandraka）的衍生词"tendrac"来给这只动物命名，我们也用"tenrec"表示刺猬。

马岛猬属于马岛猬科，该家族分为 4 个亚科，有 24 种食虫性哺乳动物，其中一种并非马达加斯加特有种，它们生活在中非。马岛猬和它的马达加斯加表亲们通过许多系统发育点与许多典型的非洲哺乳动物建立联系。它们起源非常早，体形很小，不利于化石保存，但是人们发现它们的历史可以追溯到距今 2380 万 ～ 1640 万年前。由于它们是有 3 颗尖臼齿的食虫动物（刺猬等有 4 颗），因此被认为是原始的食虫性动物。

世界上最多产的哺乳动物

马岛猬是整个马岛猬科家族里体形最大的：身长 26 ～ 39 厘米，尾巴长约 1 厘米，重 1.5 ～ 2 千克。它们的腿很短，但行动敏捷。它们的皮毛是浓密且坚硬的刺。它们分布广泛，无论是在常绿森林或高山森林、灌木丛、大草原、草地、牧场、农田还是花园中，都可以见到它们的踪迹。它们是食虫性动物，主要食用各种无脊椎动物，有时也捕捉小青蛙和啮齿类动物，或以腐肉为食。马岛猬是独行的夜行动物，仅在繁殖期短暂地与同类生活。它们白天待在窝里休息，里面堆满干燥的叶子和细草，窝一般安放在岩石、树桩或荆棘的空隙中。马岛猬每年最多繁殖 2 次，妊娠期为 15 ～ 16 天，一胎可以生产 15 ～ 20 只幼崽。幼崽的外皮有条纹，可以帮助其更好地伪装，从而提高生存率。毫无疑问，马岛猬是世界上最多产的哺乳动物之一。

睡眠动物

马达加斯加特有的马岛猬被引入周围的岛屿，以人工种植的香蕉为食。在那里，到处都有捕猎它们的状况，然而它们却丝毫不受威胁，因为它们的适应能力极强，可以在很多类型的生物群落中生存。如果发生气候灾难或食物资源不足，它们可以进入冬眠状态并持续 9 个月之久，这也是它们可以在大型恐龙时代中存活的原因。

LE TANREC.

南美貘
低地貘、巴西貘、圭亚那貘
Tapirus terrestris

南美奇蹄目动物

南美貘是南美洲分布最广的物种之一，在布丰生活的时代，人们只知道有这个物种，从那以后，科学家又陆续发现中美洲和南美洲其他 3 个物种。大约在 5000 万年前，南美貘的原生种遍布北美洲和欧洲，它们中的许多品种组成了种群，都具短鼻管。250 万年前，美洲的物种穿过巴拿马地峡到达南方，然后渐渐从北方消失。而欧洲的物种，特别是奥弗涅貘（与目前的物种非常相近）在 90 万年前就灭绝了。它们与犀牛和马有共同的特征，因而被归类在奇蹄目中。

森林工程师

南美貘分布在除巴西西部（被巴西貘占据）以及哥伦比亚和厄瓜多尔（被多毛貘占据）以外的地区。它是南美洲最大的哺乳动物之一，平均身长 2 米，重约 200 千克。它短而疏的毛发使其灰色的皮肤完全裸露在外，小鬃毛从额头顶部一直延伸到肩胛骨。年轻的南美貘的巧克力棕色皮毛上有白色斑点。这种花纹在许多森林动物（如黄鹿、南美驼鼠）中很常见，其在浅色叶子中的截断性强，故成为一种完美的伪装。

南美貘离不开水，一般在潮湿的森林、沼泽、平原上生活，雨季时它们会选择待在较干燥的环境中。它们一般在夜晚寻找草、树枝、水果、鳞茎、嫩芽为食，并在短鼻管的帮助下抓住植物。短鼻管实际是其上唇的延伸。一些植物的种子只有在经过脊椎动物的肠道后才能发芽，如一些灵长类动物、大型啮齿类动物或鸟类的肠道，南美貘也通过粪便传播种子参与森林更新。不同的是南美貘会压扁灌木丛中的植被，使阳光能照射到地面，促进种子发芽和生长。

前景黑暗

南美貘的种群状况鲜为人知，它们因肉质和皮毛在很长一段时间内被猎杀。除圭亚那外，它们在几个国家和地区都得到了保护，圭亚那的狩猎活动严重威胁南美貘的生存。另外，栖息地的减少、森林火灾、非法淘金等也是其消失的原因。据估计，其总数在它们的整个分部范围内的 3 个世代中已减少约 30%。实际上，对动物种群的监测能预测其演进情况。南美貘的这种下降趋势是国际自然保护委员会预测物种演进的标准之一，我们以此实施濒危物种分类，并制定保护措施。显然南美貘有约 40% 的生存危机，如不加以保护，它们可能会消失。

LE TAPIR.

眼镜猴

跗猴、光谱眼镜猴

Tarsius tarsier

史前动物

"我们偶然从一个人的口中得知这种动物，但他无法告诉我们它来自哪里或如何称呼。……然而，它脚的骨骼，尤其是构成跗骨的部分，大小不成比例，根据这个明显的特征，我们给这种动物起了这个名称。"

尽管布丰做了各种观察，但他还是没能辨别出眼镜猴属于灵长类动物，也没有在他的《动物史》中专门介绍它。21 世纪的分类工作将眼镜猴分为 3 属 13 种，共同组成跗猴下目。因其当前形态几乎与始新世（距今 5600 万 ~ 3390 万年前）相同，故眼镜猴被视为活化石。

夜行性的眼睛

18 世纪，眼镜猴分布于印度尼西亚苏拉威西岛南端的塞拉亚岛。它们都有类似的形态：体形小（55 ~ 136 克），后肢纤细修长，尾巴细长（占身体总长的 2/3），末端有细毛丛（树栖生活中必不可少的特征），头部和身体几乎一样大。令人意外的是，它们的眼睛圆圆的，巨大，与其娇小的体形不相称，有明显的夜行动物的特征。

眼镜猴生活在原始森林或人工花园森林中，它们可以长时间停留在树上，故活动范围很小，最多 1 公顷。它们的生活群落由 2 ~ 6 只成员组成，仅捕食无脊椎动物，特别是昆虫，但很少捕食栖息在树叶丛中的小型脊椎动物（如鸟、蛇）。

现代农业的受益者？

眼镜猴的身长不到 15 厘米，故很难观察到，我们仅能从一两只不慎掉入昆虫或其他小动物陷阱中的活体标本才能得知其状况。法国国家自然历史博物馆保存有一个标本，但尚未知道是来自荷兰的旧收藏品，还是 1770 年左右由巴达维亚（今雅加达）博物学家雅各布·特明克（Jacob Temminck，1778—1858）捐赠给布丰的助手道本顿的。如今，大多数眼镜猴生活在保护区中（国家公园、当地环境保护区），受到各国和国际法规的保护。有些人甚至认为，现代农业的发展对它们有利，因为可以有更多的蚱蜢给它们提供丰富的食物。

LE TARSIER.

鼹鼠

欧洲鼹鼠
Talpa europaea

新品种现身了

显然，这是一种著名的哺乳动物，它的名字甚至从古罗马时代就存在了，在 17 世纪及 19 世纪，这个名字还扩展到世界各地。尽管它们中有些不吃虫子，但在当时，它们被认为是食虫和穴居的小型哺乳动物。

现今，鼹鼠被归类为鼹科，据科学家所言，鼹科动物的轮廓多样，共有 39 种。鼹属原先只有 9 种，直到 2018 年 2 月，法国研究人员才增加了第 10 种——阿基坦鼹鼠。它们分布在卢瓦尔河南部到西班牙北部，但根据基因鉴定，其更接近伊比利亚鼹鼠而非欧洲鼹鼠。

地底规划者

布丰提到的鼹鼠是一种小型哺乳动物，身长 15 ~ 17 厘米（其中尾巴约占 3 厘米），雄性重 85 ~ 95 克，雌性重 70 ~ 75 克。它们的身体呈圆柱形，身上覆盖密集的细毛，脖子很短，前腿像铲子一样（带有一个额外的伪拇指 / 趾，以增大挖掘面积）。

鼹鼠经常待在落叶林、公园、花园、平原草地和海拔 2000 米以下的高山草地上，但很少出现在酸性或过于潮湿的含有众多石头的土壤中，土壤中虫子过少的地区也少见。其狩猎区域为地底下 15 ~ 100 厘米，地道面积为 200 ~ 2000 平方米。通过不断挖掘，鼹鼠优化了地底的循环空气。地道接近地面处为捕食所用，冬季时，它们 90% 的食物为蚯蚓，夏季时 50% 的食物为蚯蚓，其余则为鞘翅目、双翅目及各种无脊椎动物，当然还有蛞蝓。它们的巢设在干燥的土室里，里面有柔软或蜷曲成团的植物材料。

鼹鼠的唾液含轻微的毒，能麻痹蚯蚓，它们会将蚯蚓储存在一个特殊的土巢里（1 个土巢可储存 1200 条蚯蚓），待到秋季和冬季再食用。鼹鼠不需要冬眠，其新陈代谢快，故昼夜皆保持活跃。

依旧存在

在许多地区，鼹鼠仍然被认为是有害动物。密集的农业生产使得其捕食对象减少，但鼹鼠的数量依然保持稳定。在法国，与鼹鼠相关的行业仍然存在，但是使用其皮毛制作帽子和大衣的情况已经消失了。

LA TAUPE.

加拿大鼹鼠

星鼻鼹
Condylura cristata

僵硬的模型

布丰凭借一个旅行者的雕刻来呈现这种来自加拿大的物种，在《自然史》中，他将它安排在靠近欧洲鼹的位置。它的尾巴看起来像一串香肠，说明这是一个死的标本，尾巴上的一个环形对应着一节尾椎骨。其身躯不自然的僵硬进一步支持了这一假设。该版画应是依据干燥和拉长的标本绘制而成的，以便我们可以看到更多的细节。

无潜水装的潜水员

星鼻鼹是星鼻鼹属中的唯一代表，它的学名源自希腊语词根"qneue articulée"，意思是"铰接的尾巴"。星鼻鼹在加拿大东部和美国西北部的湿地很常见，例如沼泽、河流或湖泊边缘、草原和柔软的农作区。星鼻鼹是一名出色的游泳运动员，其深灰色的皮毛比欧洲鼹更具疏水性。它的2个特征最引人注目：尾巴长5.3～9.2厘米，几乎占其身体总长度（15.2～23.8厘米）的1/3，用于在冬季（即繁殖期前夕）储存脂肪，可使脂肪的体积增加3～4倍；鼻子为原片状星型，鼻孔内排列着22个粉红色触手，每个触手约含25000个感觉细胞，用于监测陆地和水中的猎物。在水中，星鼻鼹会吐出气泡，并通过气泡感知和追踪猎物，这种能力在哺乳动物中是独一无二的。它们在地下挖出30～50厘米深的地道，构成约300米长的网络，入口通常位于水面下，其中有一个休息室，它们将在那里度过超过40％的时间。任何时候它们都可以在冰下潜水，挖掘泥土并寻找食物。

安逸平静的乡村生活

星鼻鼹生活在关系不太紧密的群体中，在其栖息范围内较常见，雌性每年只繁殖一次，一胎孕育2～7只幼崽，幼崽在3周后离开巢穴，10个月达到性成熟。它们的预期寿命为3岁。目前，它们的总数被认为是稳定的，仅受到自然因素或偶尔受到水污染的威胁，因此不被视为濒危动物。

LA TAUPE DE CANADA.

虎

老虎

Panthera tigris

从史前史到生态符号

在我们的印象中，老虎似乎是"普遍"且"有威严"的超大型动物，也是布丰常会提到的标志性动物。布丰记录了这种自罗马时代以来在欧洲已广为人知的动物。过去皇家已收藏了许多老虎标本，特别是这只路易十四于 1682 年收藏的标本，正因如此，这幅以活体老虎为素材的版画才能诠释得如此栩栩如生。

在爪哇岛发现的化石可谓最古老的老虎——剑齿虎，其可追溯至距今 180 万 ~ 160 万年前。随后，老虎于距今 12.6 万年前到达印度与北亚，接着在距今 10 万年前到达阿拉斯加。实际上剑齿虎只是一个通用名称，其中包括超过 45 属和 129 种猫科动物，属剑齿虎亚科，它们出现于距今 4000 万 ~ 300 万年前，并于 1 万年前灭绝，且早在 1800 万 ~ 1400 万年前就与老虎分家了。

有大有小

老虎是典型的猫科动物，现今有 2 个支种：大陆种与巽他群岛种，它们分散在亚洲西部边缘至土耳其之间。每一种老虎都表现出生物学特征上的差异：最小的老虎为苏门答腊虎（重约 145 千克），重量大约是大型老虎——西伯利亚虎和满洲虎（重约 305 千克）的一半。老虎的性别二态性明显，雄性与雌性的体重比约为 1 ： 1.7。

风口浪尖上的物种

如今老虎的栖息范围只比其原始范围多出 7%。1940 年至 1980 年，老虎一度从脆弱的栖息地，如土耳其、巴厘岛和爪哇岛完全消失。研究显示，这种状况在 2016 年有所改善，如今全球总计大约有 3800 只老虎。但是它们只能在极小的范围内生存：从印度到中国东部，从马来西亚到西伯利亚。

偷猎可能是老虎减少的主要原因，即便是今天，偷猎现象依然存在：2000 年至 2014 年，法国海关就查获了超过 1500 具老虎遗骸。猎物的减少或消失，如主要生物群落的变化也是老虎数量减少的原因之一。目前国际组织正在对老虎实施一些保育计划，未来 10 年将对老虎的保护起决定性作用。

LE TIGRE.

北美豪猪

美洲豪猪

Erethizon dorsatum

源自非洲

"北美豪猪本可以称作'荆棘河狸',它与河狸来自同一个地区,两者大小和体态相似,除了短且几乎隐藏在皮毛中的刺之外,北美豪猪和河狸一样具有双层皮毛。"布丰对北美豪猪与河狸的描述并没有错,它们是北美最大的两种啮齿类动物。为了到达北美大陆的荒芜之地,北美豪猪的祖先走出了一条著名的路线:3000万年前,因海洋的扩张,北美豪猪的祖先自非洲到达南美洲。在300万年前的生物大迁徙中,它们穿越了巴拿马地峡,并在逐渐北迁的过程中进化出皮毛以适应恶劣气候。它们是唯——支在大迁徙中成功北迁,越过墨西哥的豪猪群体。

嵌入式攻击

北美豪猪是一种大型啮齿类动物,身长60 ~ 90厘米,尾巴长15 ~ 30厘米,雌性平均重7千克,雄性重约10.6千克。其皮毛呈灰褐色,但末端较为明亮。毛针状,且根据身体的位置长短不一,每头约有3万根尖刺毛。当身处危险时,其皮下肌肉会收缩,尖刺毛会竖起,接着北美豪猪会蜷成球状。尖刺毛的末端略微勾起,精细且有倒刺,如遇侵袭,尖刺会刺入对方皮肤造成疼痛,若试图摆脱会造成更大的杀伤力。当备感压力时,北美豪猪会散发出强烈的气味以吓阻猎食者,这就是我们所说的防御机制里的一种信号。

北美豪猪广泛分布于加拿大与美国西部,北至阿拉斯加,南至墨西哥北部,是一种独行的树栖动物。它们不冬眠,但冬天时行动较为迟缓。它们一般会在树洞或岩石之间筑巢。夏天,它们以鲜嫩枝芽、根、叶、浆果和小型水果为食,冬天则以针叶树的树皮为食。

迟缓致死

因激进的防御手段和树栖生活方式,北美豪猪几乎没有猎食者。其主要威胁是食鱼貂,这种动物行动敏捷且擅于攀爬,并会将北美豪猪追赶至树上然后捕捉它们。另一个威胁是美洲狮,其能忍受尖刺并予以还击。尽管北美豪猪能忍受较贫乏且短缺的食物资源,但它们冬天也得在积雪中觅食,此时北美豪猪行动缓慢,容易暴露于交通道路而遇险。另外由于遭到猎食,墨西哥地区的北美豪猪有消失的危机。北美豪猪繁殖率低,每年只生1胎,妊娠期约为200天,但它们的寿命超过30岁,这使得其数量趋于稳定。

L'URSON

白颈狐猴

黑白狐猴、黑白领狐猴

Varecia variegata

黑与白

据布丰所述，这是一种被广泛定义为"maki"之一的物种，"vari"这个词源自马达加斯加瓦里卡西（Varicassi），实际上是指几种具有全部或部分黑色和白色皮毛的物种。虽然这种动物黑白毛色间有着强烈的反差，且口鼻部分很长，但版画也是正确的，因为白颈狐猴是狐猴属中的一个亚种，可以通过其全白的背部线条以及肩胛骨间的白毛识别。除了黑白狐猴之外，狐猴属还包括红狐猴，其毛为红橙色、白色与黑色。

狐猴于 7500 万 ~ 6000 万年前分化，根据"漂流"假设一说，它们的祖先疑似在穿越莫桑比克海峡后，利用浮木漂流，最后抵达马达加斯加。

雌性的天下

白颈狐猴身长 110 ~ 120 厘米（尾巴占 60 ~ 65 厘米），重 3.1 ~ 3.6 千克，为四足狐猴之一。它们在马达加斯加东部低海拔和中海拔（最高达 1300 米）的热带森林中组成零星的生活圈。它们的栖息范围为 80 ~ 95 公顷，主要栖息在带有庞大树冠的大中型树木上。

白颈狐猴为食草动物，同时还会食用花蜜、种子和叶子。像其他狐猴一样，白颈狐猴实行多配偶制，通常由一对强势的夫妻组成一个小团体，且由雌性主导社会关系，并控制着食物的来源（这种情况在哺乳动物中很罕见）。雌性狐猴约在 2 岁时达到性成熟，而雄性为三四岁。雌性一年繁殖 1 次，妊娠期约 3 个月，一胎生产 2 ~ 3 只幼崽，幼崽出生后会住在特制的安全窝中（所有狐猴中只有白颈狐猴有这种习性）。白颈狐猴成长非常快，4 个月时就已长至接近成年的体重。

森林愈广狐猴愈多

与其他狐猴一样，白颈狐猴也是濒临灭绝的物种之一。人类的采矿活动及农业的发展是主要原因之一，除此之外还有人类的猎食。据估计，在过去的 30 年中，白颈狐猴的数量减少了 80%，为此我们制订了重新引入计划，并将从美国动物园引进一批白颈狐猴，释放到马达加斯加国家公园中。

LE VARI.

小羊驼

羊驼

Vicugna vicugna

迁徙路途曲折

布丰稍晚才意识到小羊驼是一个独立的物种："当我在 1766 年写有关骆驼和羊驼的故事时，我以为该属只有这 2 个物种，且我当时认为羊驼和小羊驼是同一种动物，只是名称不同而已。"这也说明了这 2 种动物形态相近。

小羊驼和骆驼都是骆驼科动物，它们的祖先出现在 4500 万年前的北美洲，大小如兔子，有四趾，趾上有指甲。1000 万年之后，它们进化成如一只山羊的大小，有两趾。接着它们继续进化，直到巴拿马地峡形成后，与美洲大陆物种进行了巨大的交流。随后一个分支进入了亚洲，接着到达非洲；另一支则在南美洲发展壮大，这也是迄今为止唯一幸存下来的分支。

栖息于安第斯山脉高处

小羊驼身材苗条，肩高 0.75 ~ 1 米，脚至头部高度为 1.3~1.5 米，身长 1.2~1.8 米，重 35 ~ 65 千克，是世界上最小的骆驼科动物之一。它们皮毛浓密，上部为红色、下部为白色，具有高度保暖效果。小羊驼栖息在玻利维亚、阿根廷西北部和智利北部的安第斯山脉海拔 3500 ~ 4800 米处。小羊驼喜组成小群体生活，雄性占主导地位，统领 5 ~ 15 只雌性，以及前一年生的小羊驼。小羊驼为反刍食草动物，活动范围为 15 ~ 20 平方千米，一般在小卵石间的杂草处觅食。雌性妊娠期约为 11 个月，分娩期为每年的三四月，属单胎动物，幼崽由母亲扶养，12 ~ 18 个月后独立。独立后，年轻雄性会成群聚集，然后组建新的群体。

不只是传奇的黄金驼毛

布丰也注意到了小羊驼毛的高品质。早在 18 世纪，人们已经计划在欧洲农场饲养小羊驼，并将它们的皮毛用于奢侈品行业，增加它们的价值。

过去，小羊驼曾遭受极大程度的猎杀，1960 年，其野外的存量仅有 6000 只，如今盗猎的情况依然严重。为避免这种情况，人们会在小羊驼的毛超过 2.5 厘米长时为它们剃毛。现今，完善的保育计划使得小羊驼的总数恢复至约 35 万只，这些小羊驼主要分布于秘鲁和阿根廷。然而其他威胁仍给小羊驼带来生存压力，包括与绵羊的竞争，或者为了提高羊驼毛产量而培育出的混种羊驼，等等。

LA VIGOGNE.

斑马
山斑马
Equus zebra zebra

开普敦山斑马

"来自好望角的斑马似乎是南非地区的特有种，特别是在这个半岛的尽头。尽管罗培兹（Lopez）说斑马在巴巴里比在刚果更常见，但达贝（Dapper）报告说，他在安哥拉森林里遇见过一队斑马。"布丰将斑马视为一种野马，并在《自然史》中将斑马排在马与驴之间。这就是现今称为"山斑马"的物种，我们可以从其臀部特征辨识。

山斑马源自南非开普敦，后来分成 2 个分支：一个仅限于开普敦；另一个为哈特曼山斑马，除了南非，在纳米比亚亦有发现。在此必须强调这幅版画的精确性，这可能是对斑马最成功且最真实的刻画之一，除眼睛的颜色外（原则上应较暗一些），其余比例和颜色都是完美的。

山斑马被认为是最小型的野马之一，肩高 1.15 ~ 1.3 米，重 230 ~ 260 千克，它们生活在海拔约 2000 米的岩石群落生境中，是个相当不错的登山者。实际上它们的蹄比其他动物的抓地力更佳，这使它们能更好地在干燥坚硬的地基上行走。其动物群一般由 1 只雄性与 3 ~ 5 只雌性组成，白天它们会在距离水源不远的草地上活动。

斑马纹：一个未解之谜

山斑马是条纹最密集的动物之一，特别是头的前部。自 16 世纪被发现以来，这些条纹激发了欧洲自然科学家的兴趣。大家都对这些条纹感到好奇。有人认为，这些条纹是用来伪装、躲过捕食者的猎杀的，尤其是在群体中，这些条纹可以防止捕食者将注意力放在某个固定的个体上。而有人认为，这些条纹有调节体温的作用，因为白色和黑色对太阳光的反应不同。事实上，山斑马的体温比大草原上的其他放牧动物略低一些，但这可能只是生理上的差异。每一匹山斑马的每一道条纹都是唯一的，这使得它们能够互相识别。还有人认为，山斑马会捕食舌蝇，而这些舌蝇会被其大型单色表面所吸引。

幸免于难的物种

过去，山斑马因其条纹特色而遭到大量猎杀，在 20 世纪 50 年代初期只有不到 100 匹。如今，在国家公园和私人组织的保护下，山斑马的数量已超过 1500 匹，其偷猎状况也少了很多。

LE ZEBRE.

大灵猫
大型印度麝香猫
Viverra zibetha

大型印度麝香猫

布丰尝试区分麝香猫与大灵猫，据他所述："大灵猫似乎是亚洲的麝香猫，它来自东印度群岛和阿拉伯，在当地人们称它为'zebet'或'zibet'，在阿拉伯文里这个名字代表此种动物会散发香味，故人们用它来指动物本身。"版画中呈现的可能是大型印度麝香猫，属 4 种麝香猫中的一种。尽管它们在侧面或尾巴上有明显的颜色差异，但其实是相似的，故自然科学家将它们归为一种亚洲物种。

鲜为人知的习性

大灵猫栖息在东南亚（越南、马来西亚）、中国南部与中部、尼泊尔、不丹以及印度北部和东北部。这个名字并不能确切地反映出它们的地理分布情况。大灵猫身形细长，身长 75 ~ 85 厘米，尾巴长 38 ~ 50 厘米，重 8 ~ 9 千克。版画中动物的颜色相当准确，但是如果在身驱和尾巴的末环上突显出米色则更接近实体。大灵猫喜爱热带原始森林以及海拔 1600 米以下的所有森林或竹林，但在尼泊尔海拔 2400 多米处以及印度的喜马拉雅山海拔 3000 多米处也能见到它们。大灵猫为杂食性动物，但其坚硬的牙齿显示它们更偏向食肉，它们捕食小型哺乳动物、鸟类、爬行动物、鱼类、淡水无脊椎动物等。其领地状况鲜为人知，在泰国，成年雄性大灵猫的领地范围约为 8.8 平方千米，但也有说其领地范围可达 12 平方千米的。其繁殖状况亦鲜为人知，有人认为它们一年四季都能繁殖，雌性每年可以生育 1 ~ 2 次，每胎生产 4 只幼崽。

一道精美的佳肴

像其他麝香猫一样，大灵猫因其会阴腺的分泌物而被猎杀，这些分泌物可以用于制作化妆品。除马来西亚采取严格的保育措施外，其他地区的大灵猫一直是被猎捕的对象。如今森林的开发或管理，为生产棕榈油而砍伐森林，造成领地的破碎，这是其数量减少的主要原因。

LE ZIBET.

艾鼬

鼬类

Spilogale sp.

来自非洲还是美洲？

布丰预先告知读者他的描述是比较片面的，由于要将标本运到欧洲且符合外国标本的制作技术要求，版画参照的标本只剩下四肢的骨头及头骨的前半部，其余部分皆被打碎了。据布丰所述，这种动物可能来自奥里诺科河边缘及亚马孙雨林。布丰甚至用臭鼬，这种只生活在美洲的动物与艾鼬进行比较。在此之前他说过："我不认为这种动物是柯尔贝（Kolbe）所说的蜜獾，在我看来，它更像是真正生活在好望角的臭鼬。"那么，谁说的才是正确的呢？它究竟来自非洲还是美洲呢？关于这点，布丰没有给出适切的建议，我们可能得等布丰的继任者来重振艾鼬"典型非洲物种"的名声。

鼬科动物

大约3000万年前，美洲臭鼬已从其他鼬科划分出来了。但无论是当前的10种美洲臭鼬或是3种非洲艾鼬皆来自共同的祖先，其中包括与巴西巨型水獭和小鼬鼠一样大的食肉动物。它们的共同点是：肛门区或会阴区都有气味腺体，用来标记领地，或喷散气体当作防御。此外，非洲艾鼬与美洲臭鼬的体表有着非常相似的色彩和花纹（由2种颜色组成的宽条图案），以及一条毛茸茸的尾巴。

不黑不白的生存状况

非洲艾鼬的生存环境并没有遭到破坏也没有受到威胁，但它依然是稀有物种。其中，利比亚艾鼬被广泛用于传统医学中，据说此物种可以提高男性生育能力，或许正因为这种功效，非洲艾鼬才得到保护。美洲臭鼬的数量比非洲艾鼬多，但也更容易因为人类的活动而遭受打压。交通道路的发展是造成美洲臭鼬死亡的重要原因，将乡村改造成牧场或植栽农耕也是一大原因。其余的例如矮斑点鼬，也因旅游业或生态旅游业的发展，数量不断减少，令人惋惜。

LE ZORILLE.

附录

专业词汇汇编

A

偶蹄目（Artiodactyla）

存在于哺乳动物纲下的 29 个大目之一，由有蹄类动物组成，每只脚都带有一定数目的偶数趾头，身体重量由第二和第三趾支撑，末端有硬蹄，而第一、第四趾较第二、第三趾短，靠外侧，末端为甲蹄。偶蹄目动物约有 250 种，包括鹿、猪、羚羊和瞪羚等。

B

生物识别技术（Biométrie）

以生物体本身的生物特性进行生物个体区分的技术手段。

群落生境（Biotope）

生物圈的最小地理单元，指由代表性生物群落所确定的一个生境。该概念将栖息地的特征（海拔、植被、土壤化学特征、死水或流动水），以及动植物群落的特征联系在一起，包括一定时间内（几千年）的生态稳定性，可以指一个大的集合体（高山群落生境）、一个普通区域（沼泽）或一个外接区域（泥炭沼泽）。

D

异色性（Dichromatisme）

同一物种的两个性别之间的颜色差异，如在哺乳动物中，异色性很少或非常弱，而鸟类的异色性非常丰富。

性别二态性（Dimorphisme sexuel）

同一物种的两个性别之间形态或生物特征的差异，例如雄鹿有角，而雌鹿没有（驯鹿除外）。这种性别二态性与性吸引力的概念有关：为了物种的繁衍和持久延续，双方都表现出有吸引力的迹象。

截断性（Disruptifs）

哺乳动物身上的着色图案（条纹、斑点、点）使其能够融入环境，让轮廓变得难以识别。这种特性一般出现在捕食者中，助其靠近猎物而不易被察觉。一些猎物身上也有，如成群的斑马因其条纹而变得很难区分。

发散度（Divergence）

同一物种的两个或多个种群之间的不同遗传进化，在哺乳动物中涉及那些分布非常广泛的种群。每个种群对环境（群落生境或气候变化）的反应不同，采取的行为也不同，最终进化成再也无法识别为同一物种的另一个种群。它们无法进行基因交流，渐渐地各自进入不同物种形成的过程。

动物活动圈（Domaine vital）

动物寻找食物、庇护所或休息区需要的面积。同一物种的活动圈差异可能很大，具体取决于该地的资源丰富程度，中型和大型捕食者如老虎、美洲狮和狼等，经常会出现这种情况。此范围由气味痕迹（粪便、尿液）或视觉（树干或划伤的岩石）分隔。

E

特有种（Endémique）

仅分布于某一地区或某种特有生境内，而不在其他地区自然分布的物种，例如，狐猴是马达加斯加特有的动物，其他地方没有它们的踪迹。

封闭环境（Environnement fermé）

与相邻环境很少交流、连接的环境。

人为化空间（Espace anthropisé）

由人类修改并在此开展活动（农业、工业或居住）的自然空间，如被砍伐用于农业生产的森林，被废弃的荒地，用于修建道路、停车场或带有强制流线的河流等。这个概念适用于所有时期，包含古老时期。

物种（Espèce）

生物分类的基本单位，即具有一定的形态和生理特征以及一定的自然分布区的生物类群。此概念还意味着共享公共分布区域，还有其他限制性更强但无法验证的概念。例如古生物学中的物种概念，更多地基于形态学而不是干涉标准，这显然无法验证，而物种本身一直在进化，每个种群都有可能成为一个物种。

F

科（Famille）

介于目和属之间的分类阶元，由边缘关系相近的亚科或属组成，即具有许多解剖学、形态学和生态学共同特征的物种属归类。例如，将几个不同种类的鼹鼠属共同归为鼹科，其他亚科包括生活在其他地方的鼹鼠如美洲的鼹鼠为美洲鼹亚科，中国鼹鼠为鼩鼹亚科，所有这些都构成了鼹科。

鼻页（Feuille nasale）

存在于某些翼手目（蝙蝠）物种与族群中，为鼻孔处生长的无毛赘疣，肉少，可以引导鼻子发出超声波信号。例如欧亚大陆的菊头蝠科、非洲河马科或新热带雨林的矛吻蝠属皆有。鼻页的形态和微小的细节是识别物种的标准之一。

食叶动物（Folivore）

主要或仅以植物叶为食的动物，例如无尾熊就是严格的食叶动物，而亚马孙雨林的灵长类动物则是部分或随机的食叶动物。

森林破碎化（Forêt fragmentée）

连续的森林覆盖转化为被非林地分割森林斑块的过程。次生地的特性与原始森林不同，它们常常变得太小而无法满足高要求或脆弱物种的生存需求，例如婆罗洲或苏门答腊的不同猩猩物种。

G

捕食场（Gagnage）

为了找寻日需食物，某些动物会定期回去的区域。

属（Genre）

介于族和种之间的生物分类阶元，由一个或多个物种组成，具有若干相似的鉴别特征或具有共同的起源特征。但也有例外，如蒙眼貂、石貂和松貂有明显的生物特征差异，但皆被归类为鼬属。

延缓妊娠（Gestation différée）

指因气候条件迫使哺乳动物进行延缓妊娠的现象。如古北界的蝙蝠在秋天交配，但冬眠时它们的胚胎发育会延缓，因为胚胎的成长需要很多的营养，而此时母体的生存才是首要的。春季时，当条件变得有利、昆虫多的时候，胚胎又开始重新发育直到幼崽出生，此时母体也能获得足够的养分，从而进行哺乳。

H

保护色（Homochromie）

指动物色型与环境背景色一致，是一种隐蔽的防御方法。如瞪羚就有为在干草稀树草原或沙漠环境中便于隐藏而增加生存机会的毛色。

M

胎盘哺乳动物（Mammifère placentaire）

一种幼崽会在胎盘内发育的动物。这种生殖策略为胚胎的发育提供了保护，胚胎会在发育临近完成的阶段出生。不同的是，单体动物（鸭嘴兽、针鼹）为卵生，而有袋类动物的妊娠期很短，胎儿出生后需要很长的生长期。

有袋类动物（Marsupialia）

哺乳纲后兽亚纲所有动物的总称。有袋类动物的妊娠期很短，刚出生的幼崽很脆弱。幼崽在有乳头的腹袋中发育，在成长的最初阶段，会一直衔住其中一个乳头。有袋类动物分为 7 个不同的等级，其中大多数来自澳大利亚、巴布亚新几内亚和印度尼西亚，而南美洲只有两种（负鼠和鼠负鼠）。

新陈代谢（Métabolisme）

生物体从环境摄取营养转变为自身物质，同时将自身原有组成转变为废物排到环境中的不断更新的过程。如反刍食草动物消化时间长，新陈代谢慢，故可达到庞大的尺寸（牛亚科）；而食虫类动物的新陈代谢很快，身形一般不会超过一定的大小（鼩鼱、蝙蝠），否则它们将没有足够的食物来维持生命。

小眼动物（Microphtalme）

指眼睛很小、功能也不是很好的动物，如鼹鼠。

场所（Milieu）

本书中特指群落生境的一部分。一般一个场所对应一块较小的面积，其中的植被与周围的植被略有不同，如乔木林即阔叶林当中的场所，林中空地和伐木区也是，但它们属于同一个森林群落生境。

封闭场所（Milieu fermé）

植被茂密的环境，看不见远处，如丛林和茂密的灌木丛。

开阔场所（Milieu ouvert）

植被清晰或稀疏的环境，可以看清远处，如草地。

单型（Monospécifique）

指一个分类群中只含有的唯——个类型，如黑犀属仅由黑犀牛组成。

N

新热带界（Néotropical）

世界动物地理区域名，包括南美洲、中美洲、西印度群岛及墨西哥高原以南地区。全球有 8 个主要的生物地理区域（生物区），每个区域根据几个细分区域进行划分。

生态位（Niche écologique）

每个物种在群落中的空间和时间上所占据的位置及其与相关种群之间的功能关系与作用。生态位由动物（消费者或捕食者）的生活方式、大小、生活形态（昼行或夜行）、食物策略来定义。生态位可以很窄，如比利牛斯鼬鼹占据了高海拔的食虫动物位。生态位越窄，动物对它的依赖就越大，对其任何改变都会很敏感。

P

古北界（Paléarctique）

世界动物地理区域名，包括欧洲、喜马拉雅山脉以北的亚洲、阿拉伯北部以及撒哈拉沙漠以北的非洲。

旺盛繁殖期（Période de pullulation）

这些时期通常为暖冬以及营养资源丰富的春末。此时啮齿类动物会快速（大约每 6 周 1 次）连续产子，每胎可生产大量的幼崽。这种大量繁殖对牧场和农作物危害严重。在西欧，旺盛繁殖期通常每 4 ~ 8 年发生一次。

奇蹄目（Perissodactyla）

29 种哺乳动物之一，现存 17 种，由有蹄类动物组成，体重由奇数根趾头支撑在全部或部分腿上。代表家族有 3 个：马科（马、驴、斑马），每条腿有一趾；犀科（白犀牛、黑色犀牛或亚洲犀牛），每条腿有三趾；貘科（山貘、马来貘、南美貘），前腿有三趾，后腿有四趾。

表现型（Phénotype）

在特定环境中，生物个体所表现的生理、形态和行为等所有特征的总和，如形状、轮廓、颜色等。

生物多样性（Plurispécifique）

一定地区的各种生物以及由这些生物所构成的生命综合体的丰富程度，包括遗传多样性、物种多样性和生态系统多样性。如在法国，蝙蝠可以采取多种形式占据冬季栖息地，而不会对其他物种造成影响。这种行为通常与每个物种的个体的竞争力有关。

R

辐射（Radiation）

一种与物种进化有关的现象，与一个物种的扩张，或来自共同祖先的几个物种的扩张有关。辐射与物种的形成是并进的，新物种通常根据不同的生态而分化，因此需要彼此远离才能满足条件。气候变化在物种进化中也有一定作用，但一般需要很长的时间（数十万或数百万年）才会发生。

残遗种（Relictuel / relique）

在古地质史上分布广泛，但现在只分布在孤立狭窄的区域或者零散分布的物种。如比利牛斯山脉鼩鼱，其在食虫动物中表现出非常原始的牙齿特征，仅占很小的分布区域，但在冰川期末期时它们的分布范围很广。

营养资源（Ressources trophiques）

用于维持生物生活的部分自然资源，组成其所有可能的食物来源，适用于既定的群落生境中的不同有机体。

物种形成（Spéciation）

在进化中产生或形成新物种的过程。

亚成体（Subadult）

动物幼体到成体之间的过渡时期、与成体相似但性腺尚未成熟的发育阶段。亚成体通常比成体小，牙齿可能也不同，无繁殖能力，而与幼体不同，亚成体可以独自觅食。

系统分类学（Systématique）

研究物种的演化历史和物种之间的关系的学科，利用物种在不同的环境、地区的不同演化，以基因或基因产物将物种演化的历史进行解析。系统分类学可以通过基本的分类单元（物种）定义科，而后是目，这些主要类别还存在许多细项，如亚种、超科、亚目和次目等。

T

分类单元 / 分类群（Taxon）

系统性的生物类别，可根据情况指定分类级别如种、科、目或其他。

领域（Territoire）

一般指以特定的方式（如气味）标记的地方，尤其是在繁殖期间。

V

物种变异性（Variable/ variabilité）

指一种能力表现，不同种群会通过尺寸变化（生物特征、重量）或饮食习性，以适应不同的群落生境，一般分布较广泛的物种（例如狐狸、鹿）会存在一些遗传基因变异。

痕迹器官（Vestigial）

动物体上一些残存的器官，其功能已经丧失或衰退，如一些马科动物的趾就是痕迹器官，其乘载功能为零。

参考资料

关于布丰

[1] BUFFON, G.-L. LECLERC, comte de, *Histoire naturelle, générale et particuliére, avec la description du cabinet du roi*, Paris, Imprimerie royale, 1749—1767 ; 15 tomes, dont IV à XV sont consacrés aux uadrupèdes. L'ensemble compte au total 44 tomes,le dernier fut publié en 1804.

[2] HEIM, R. (dir.), *Buffon*, Paris, Publications françases, 1952.

[3] MARTÍNEZ-CONTRERAS, J., *Les Primates de Buffon*, Mexico,Siglo Veintiunes, 2015.

[4] ROGER, J., *Buffon. Un philosophe au Jardin du Roi*, Paris, Fayard, 1989.

[5] SAVI, C., *Le Grand Livre des animaux de Buffon*, Tournai, La Renaissance du livre, 2002.

自然主义图书

[1] CHANSIGAUD, V., *Histoire de l'illustration naturaliste*, Paris,Delachaux et Niestlé, 2009.

[2] FORD, B. J., *Images of Science. A History of Scientific Illustration*,Londres, The British Library, 1992.

[3] HOQUET, T., *Buffon illustré. Les gravures de l'" Histoire naturelle "*, Paris, Publications scientifiques du Muséum national d'histoire naturelle, 2007.

当今的物种类别

[1] ARTHUR, L., LEMAIRE, M., *Les Chauves-souris de France,de Belgique, du Luxembourg et de Suisse*, Paris, Biotope/Publications scientifiques du Muséum, 2009.

[2] AULAGNIER, S., HAFFNER, P., MITCHELL-JONES, A. J., MOUTOU, F., ZIMA, J., CHEVALLIER, J., NOR-WOOD, J.,VALERA SIMO, J., *Mammiferes d'Europe, d'Afrique du Nordet du Moyen-Orient*, Paris, Delachaux et Niestlé, 2016.

[3] DESFAYES, M., *Origine des noms des oiseaux et des mammif èresd'Europe*, Saint-Maurice (Suisse), Éditions Pillet, 2000.

[4] EMMONS, L. H., FEER, F., *Neotropical Rainforest Mammals. A Field Guide*, Chicago and London, Chicago University Press, 1990.

[5] ÉTIENNE, P., LAUZET, J., *L'Ours brun. Biologie et histoire,des Pyrénées à l'Oural*, Mèze/Paris, Biotope/Publications scientifiques du Muséum, 2009.

[6] GUNTHER, P., *Mammifêres du monde. Inventaire des noms scientifiques français et anglais*, Paris, Cade, 2002.

[7] HUNTER, L., BARRETT, P., *Carnivores of the World*, Princeton,Princeton University Press, 2011.

[8] KINGDON, J., *The Kingdon Field Guide to African Mammals*,Princeton, Princeton University Press, 1997.

[9] MACDONALD, D., BARRETT, P., *Guide complet des mammifêres de France et d'Europe*, Lausanne, Delachaux et Niestlé, 1995.

[10] MARION, R. (dir.), *Larousse des félins*, Paris, Larousse, 2005.

[11] MITTERMEIER, R. A. (dir.), *Lémuriens de Madagascar*, Paris/Arlington (États-Unis), Muséum national d'histoire naturelle/Conservation international, 2014.

[12] PETTER, J.-J., DESBORDES, F., *Primates*, Paris, Nathan, 2010.

[13] POUGH, F. H., JANIS, C. M., *Vertebrate Life*, 10th edition, Oxford, Oxford University Press, 2018.

[14] SHIRIHAI, H., JARRETT, B., *Guide des mammifères marins du monde*, Paris, Delachaux et Niestlé, 2007.

[15] WILSON, D., MITTERMEIER, R. A. (dir.), *Handbook of the Mammals of the World*, Barcelona, Lynx Edicions, 2009—2018.

人与动物

[1] BARATAY, E., HARDOUIN-FUGIER, E., *Zoos. Une histoire des jardins zoologiques en Occident* (XIVe–XXe siècle), Paris, La Découverte, 1998.

[2] DAUBLON, G., PARISELLE, J.-M., *À la rencontre des espèces disparues*, Paris, Flammarion, 2004.

[3] FULLER, E., *Animaux disparus. Histoire et archives photographiques*, Paris, Delachaux et Niestlé, 2014.

动物群及群落生态变迁

[1] DORST, J., BARBAULT, R., *Avant que nature meure*, Paris, Delachaux, 1965—2012.

[2] KOLBERT, E. *La Sixième Extinction*, Paris, Le Livre de poche, 2017.

[3] LE ROY LADURIE, E., *Histoire du climat depuis l'an mil*, Paris, Flammarion, 2009.

网络文章节选

www.sfecologie.org/regard/r80–juin–2018

[1] CARDILLO, M., MACE, G.M. *et al.*, "Multiple Causes of High Extinction Risk in Large Mammal Species ", *Science* 309 : 1239–1241, 2005.

[2] DIRZO R., YOUNG, H.S. *et al.*,"Defaunation in the Anthropocene ", *Science* 345 : 401–406, 2014.

[3] SHIPPER J., CHANSON, J.S. *et al.*, "The Status of the World's Land and Marine Mammals: Diversity , Threats and Knowledge " , *Science* 322 : 225–230, 2008.

[4] SMIL, V., "Harvesting the Biosphere: the Human Impact ", *Pop. Dev. Rev.* 37(4) : 613–636, 2011.

[5] TEYSSÈDRE, A., *Quelles réponses des espèces et des communautés écologiques aux changements globaux ?* Regards et débats sur la biodiversité, SFE regard n° 80a, 2018.

互联网资料

[1] www.iucn.org/fr, International Union for Conservation of Nature publie en particulier la liste rouge des espèces menacées dans le monde au moyen de fiches très complètes.

[2] https://inpn.mnhn.fr, Inventaire national français du patrimoine naturel : description des espèces et état des populations en France métropolitaine et d'outre-mer.

[3] www.departments.bucknell.edu/biology/resources/msw3,liste et systématique des espèces de mammifères du monde.

雅克·奎桑（Jacques Cuisin）

　　生态学博士（鸟类学）、文化财产预防保护学硕士，大学和研究院培训师。研究领域为自然历史藏品的保护技术、科学或艺术表现形式及其在当代社会中的地位。负责培养法国和瑞士"自然保育和修复"领域的学生。自 1990 年起任职于法国国家自然历史博物馆，曾担任数年哺乳动物和鸟类藏品负责人，也是"藏品筹备与修复"工坊的管理者。目前为博物馆藏品的维护代表，负责灵长类动物的收藏。

著作权合同登记号　　桂图登字：20-2020-166号

图书在版编目（CIP）数据

布丰的动物图集 /（法）雅克·奎桑（Jacques Cuisin）著；陈可安，奇博尔横译. — 南宁：广西科学技术出版社，2023.5

ISBN 978-7-5551-1883-1

Ⅰ.①布… Ⅱ.①雅… ②陈… ③奇… Ⅲ.①动物—世界—图集 Ⅳ.①Q95-64

中国版本图书馆CIP数据核字（2022）第222214号

BUFENG DE DONGWU TUJI

布丰的动物图集

[法] 雅克·奎桑　著

陈可安　奇博尔横　译

策　　划：黄　鹏	责任编辑：阁世景
责任校对：吴书丽	装帧设计：韦娇林
责任印制：韦文印	营销编辑：刘珈沂

出 版 人：卢培钊	出版发行：广西科学技术出版社
社　　址：广西南宁市东葛路 66 号	邮政编码：530023
电　　话：0771-5842790	网　　址：http://www.gxkjs.com

印　　刷：广西民族印刷包装集团有限公司

开　　本：889 mm×1194 mm　　1/16
字　　数：380 千字
印　　张：19
版　　次：2023 年 5 月第 1 版
印　　次：2023 年 5 月第 1 次印刷
定　　价：198.00 元
书　　号：ISBN 978-7-5551-1883-1